发展与教育心理学探索

贺 霞 著

东北大学出版社

·沈 阳·

图书在版编目（CIP）数据

发展与教育心理学探索 / 贺霞著. -- 沈阳：东北

大学出版社，2025.1. -- ISBN 978-7-5517-3576-6

Ⅰ. B844；G44

中国国家版本馆 CIP 数据核字第 2025U4Z565 号

出 版 者：东北大学出版社
　　　　　地址：沈阳市和平区文化路三号巷 11 号
　　　　　邮编：110819
　　　　　电话：024-83683655（总编室）
　　　　　　　　024-83687331（营销部）
　　　　　网址：http://press.neu.edu.cn
印 刷 者：辽宁一诺广告印务有限公司
发 行 者：东北大学出版社
幅面尺寸：170 mm×240 mm
印　　张：8
字　　数：140 千字
出版时间：2025 年 1 月第 1 版
印刷时间：2025 年 1 月第 1 次印刷
责任编辑：杨　坤
责任校对：王　旭
封面设计：潘正一
责任出版：初　茗

ISBN 978-7-5517-3576-6　　　　　　　　定　价：58.00 元

前　言

　　心理学作为一门深入探索人类精神世界的科学，不仅揭示了人类内在本质的奥秘与成长发展的普遍规律，而且展现了其深厚的理论底蕴与广泛的实践应用。它深刻洞察到个体心理发展的动态性，这一过程镶嵌于特定的时空脉络中，深受年龄阶段特性及环境因素的交织影响。发展与教育心理学作为心理学领域的一个重要分支，专注于剖析学习者在教育场景中的心理特质及其动态演变，其核心并不在于评判教育的科学性，而是致力于探索如何使教育过程紧密契合学习者的心理成长轨迹，深刻理解并尊重其在学习过程中的心理状态。这一学科为教育者提供了宝贵的理论指导，促使他们依据学生的心理特征来灵活调整教学策略，进而优化教学效果，使之成为教育工作者、未来教育从业者及教育关注者的必备知识体系。

　　发展与教育心理学并非发展心理学与教育心理学的简单叠加，而是时代进步与学科融合趋势下的产物。随着社会的快速发展与变革，跨学科整合成为推动知识创新的重要力量。在此背景下，发展与教育心理学应运而生，它不仅融合了两大学科的精髓，更在此基础上进行了创新与拓展。该学科基于教育活动中个体心理发展的内在规律，旨在通过深入探究这些规律，为教育理念的革新和教学方法的优化提供科学依据。作为一个充满活力的新兴领域，发展与教育心理学积极响应社会进步与科技发展带来的新挑战与新需求，持续推动着教育质量的提升与教育效果的增强。

　　本书系统地探讨了教育心理学的广阔领域，从学科基础入手，详尽阐述了教育心理学的本质、内容及其研究方法，特别强调了"文化"维度在重构教育心理学研究中的关键作用。随后，深入剖析了学习与学习理论的核心要素，包括学习动机的激发策略、学习策略的应用实践，以及知识与智力技能的有效学习路径。针对教学实践，本书细致地探讨了教学设计与课堂管理的优化方向，提出了学习成果科学测量与评价体系的构建思路，并对品德教育与教学心理的融合进行了独到分析。本书内容新颖且贴近教育实际，展现出高度的系统性、科学性与前瞻性，为发展与教育心理学的探索和创新提供了宝贵的参考。

本书在编著过程中，广泛吸纳了国内外学术界的最新研究成果，在此，对贡献智慧的专家学者表示诚挚的敬意与感谢。同时，期待读者提出宝贵意见，共同推动教育心理学研究的深入发展。

著　者

2024 年 6 月

目 录

第一章　教育心理学

>> 第一节　教育心理学的学科性质与内容

一、教育心理学的学科性质

（一）教育心理学的性质

教育心理学的独特之处在于其研究对象——学生在教育过程中的心理现象及其变化规律。这一核心定位不仅塑造了学科的体系架构，而且深刻影响了学科性质。它天然地融合了应用研究与基础研究的双重属性，旨在通过揭示心理现象背后的规律，指导教学实践的优化。尽管教育心理学的应用性被广泛认可，被视为心理学理论在教育领域的实际应用，但过分偏重应用而忽视理论探讨，将限制其深度与广度。理论是应用的基础，缺乏理论支撑的应用易流于表面，难以持久且难以避免偏颇。因此，教育心理学的发展需平衡应用与理论探索，二者相辅相成，共同促进学科体系的完善与深化。当前，教育心理学面临个性化不足、体系松散的问题，这正是长期以来对理论探索重视不足所致，未来应强化理论根基，促进学科独立发展，避免依附其他学科，从而推动教育心理学走向更加系统、深入与实用的新阶段。

当前，教育领域内的诸多研究已难以被截然区分为纯粹的基础理论研究或应用研究，它们往往兼具两者特性，既为教育实践提供直接指导，又为基础理论的发展贡献力量。例如，关于知识习得与智力技能形成的研究，不仅深化了我们对学习机制的理解，推动了学习理论的进步，而且为优化教学策略、解决实际问题提供了科学依据。这一现象凸显了应用研究与基础理论研究在教育心理学中的紧密交织关系：基础理论研究为应用研究提供坚实的理论支撑，促进其深入与精准；而应用研究则通过实践反馈，不断验证并丰富基础理论，实现理论的升华。因此，教育心理学的发展有赖于对应用研究与基础理论研究的并重，以及二者间通过教学等多元渠道的有效融合。唯有如此，方能构建起稳固且持续发展的学科体系。

（二）教育心理学与相关学科的关系

教育心理学是教育学和心理学的交叉学科。因此，教育心理学既是心理科学的一个分支学科，又是教育科学大家庭中的一员。

1. 教育心理学与普通心理学、发展心理学的关系

普通心理学作为心理学领域的基础学科，致力于揭示人类一般心理活动的普遍规律，其研究范围广泛延伸至社会实践的多个领域，为心理学各分支提供了坚实的理论基础。教育心理学虽然以普通心理学的研究成果为依托，但并未简单套用其一般原理，而是基于教育这一特定情境，发展出独特的研究议题、体系与方法。教育心理学对不同学习情境下机制的深入探索，不仅丰富了自身的理论体系，也反过来为普通心理学的研究注入了新的活力，促进了认知科学领域的进步。例如，建构主义学习理论与情境认知的研究，不仅深化了教育心理学对学习过程的理解，也对人类认知机制的整体研究产生了深远的影响，展现了学科间相互启发、共同进步的生动图景。

2. 教育心理学与课程和教学论的关系

教育心理学在教育科学体系中占据着基础性地位，其影响力深远地渗透至多个教育分支学科之中。课程和教学论作为教育科学领域的核心议题，与教育心理学的关联尤为紧密。两者相辅相成，课程和教学论的设计与实施需以教育心理学的理论为指导，深入理解学习者的心理需求与认知规律；而教育心理学则通过课程与教学实践的反馈，不断丰富和完善自身理论框架，共同推动教育科学的持续发展与进步。

课程和教学论主要研究内容有以下几点。

（1）课程目标设定。课程目标体系涵盖总体与分科两个层面，可具体细化为学生在知识积累、技能掌握、能力提升、观念塑造、态度转变及价值观形成等多维度的成长预期。

（2）课程内容及其结构化组织。课程内容的选择与组织需精心考量，既要遵循内容的内在逻辑，又要契合学生的认知发展水平，从而科学编排学习序

列，确保知识在不同年龄阶段循序渐进地传授。

（3）课程实施策略。课程实施即教学实践过程，核心在于探索高效的教学方法，以促进课程内容的有效传递与学生学习的深度参与。

（4）课程评价体系构建。课程评价旨在全面评估课程目标的实现程度，验证学生是否达到预设的发展标准，确保对教育质量的有效监控与持续改进。

教育心理学对上述课程与教学的各个环节均有所涉猎，但其侧重点在于揭示教育情境下学生的心理活动规律，为课程与教学设计提供心理学支撑。相较于课程和教学论侧重于教学实践策略的制定，教育心理学更侧重于理解学生的心理机制，如知识建构、技能形成、个体差异、学习策略、教学设计原理及测评方法等，从而为教育实践提供理论依据。同时，教育心理学也需紧密结合具体课程与教学实践，深入探究各学科的学习与教学心理，以指导实际教学，促进理论与实践的深度融合。随着教育心理学与课程和教学论的交叉研究日益深化，对数学、语言、科学等领域认知学习问题的探讨，不仅推动了理论创新，也引领了教育教学改革的实践探索，对现代教育发展产生了深远影响。

3. 教育心理学与教育技术学的关系

教育技术学是一门新兴的交叉学科，融合了教育学、心理学与信息科学等多领域知识，致力于探索实现教育目标的最优化手段与方法。与教育心理学相似，教育技术学同样关注学习过程及其促进策略，但二者侧重点各异：教育心理学侧重于学习的基本规律及其教学应用，而教育技术学则侧重于具体的学习与教学操作模式、方法及资源工具的开发与应用。这种差异体现在它们各自的理论基础上，如行为主义、认知学习及建构主义等学习理论对教育技术学的实践产生了深远影响，推动了程序教学、智能辅导系统及计算机支持的协作学习等技术的诞生与发展。同时，现代教育技术的广泛应用也为教育心理学研究开辟了新天地，促使心理学家在信息技术环境下重新审视学习及认知过程，探索网络协同知识建构、分布式认知等新型学习模式。随着教育心理学、发展心理学、普通心理学、课程和教学论及教育技术学等学科的深度融合，学术界逐渐形成了一个新兴的复合型研究领域——学习科学。它旨在从生命全程视角出发，通过社会规范、技术手段及教学方法等多维度优化教育活动，整合了教育技术学、课程和教学论及心理学中关于学习支持、教学过程、学习认知历程等多方面的研究成果，并结合知识论、文化人类学及社会学等多学科视角，对学习行为、社会环境及认知经验进行全面而深入的研究。

二、教育心理学研究的内容

（一）五大要素

1. 学生

学生是学习活动的核心主体，任何教育手段的最终效果均需通过学生的主动参与和内化得以实现。

2. 教师

教师作为教学活动的关键引导者，不仅负责教学内容的组织与传授，还承担着激发学习兴趣、促进知识吸收与应用的重要职责。

3. 教学内容

教学内容构成了学与教活动的核心信息传递部分，具体体现为课程体系、教材资料以及教学目标，旨在引导学生系统地掌握知识与技能。

4. 教学媒体

教学媒体作为连接教师与学生的桥梁，不仅承载着教学内容，还以多样化的形式（如口头讲解、板书记录、多媒体图像等）展现知识，促进信息的有效传递与理解。

5. 教学环境

教学环境涵盖了物质环境与社会环境两个层面。物质环境涉及教学设施（如桌椅布局、黑板配置等）、空间安排（如座位排列）及自然条件（如温度调控、照明设计），而社会环境则包括课堂纪律的维护、积极课堂氛围的营造以及和谐师生关系的构建，共同为教学活动提供有力的支持。

（二）三个过程

1. 学习过程

学习过程是学生在特定教学情境中，通过与教师、同伴及教学资源的积极互动，逐步获取新知识、提升技能并塑造积极态度的动态进程，它构成了教育心理学研究的核心议题。

2. 教学过程

教学过程是教师精心创设教学情境，系统组织多样化教学活动，并与学生进行高效信息交流，以促进学生有效学习的关键环节。

3. 评估与反思循环

评估与反思循环涵盖教学前对教学设计预期效果的理性预判与评估，教学过程中对教学活动实施的持续监控与深入分析，以及教学结束后对学生学习成效的全面测量与准确评价，并在此基础上进行深入反思，旨在不断优化教学策略，推动教学质量持续提升。

⯈⯈ 第二节　教育心理学的研究方法与"文化"重构

一、教育心理学研究类型的新特点与研究方法

长期以来，教育心理学的研究方法主要借鉴了心理学领域的经典范式，但随着学科的深入发展与研究课题的日益细化，研究者逐渐意识到应针对教育情境的特殊性进行创新。近年来，这一领域内的学者一直积极探索并采用新的研究思路与方法，以更精准地捕捉教育过程中的复杂动态，深化对教育心理现象的理解与阐释。

（一）教育心理学研究类型的新特点

1. 量化研究与质性研究

量化研究与质性研究构成了社会科学研究（包括教育心理学研究）中的两大支柱范式。量化研究侧重于通过精确的数据统计与分析来验证预设的理论假设，它遵循一套严谨的操作流程，从问题界定、变量设定、抽样调查到数据收集（如实验、问卷）及统计分析，旨在量化并验证学习成效、认知策略等变量间的关系。相较之下，质性研究则采用一种更为自然的方法论，研究者深入实际情境，通过访谈、观察等手段收集资料，以整体视角理解并解释社会现象，从第一手资料中提炼经验，自下而上地构建理论。这一过程强调情境性、整体性，以及研究过程中方法的灵活调整，确保被研究者的体验、观点得到充分表达。尽管路径不同，量化研究与质性研究均根植于实证主义，强调以事实为依据，共同推动着教育心理学等领域的深入探索与发展。

2. 教育行动研究

教育行动研究是教育实践者与研究者深度融合的实践探索模式，旨在通过

自我反思促进教育实践的优化。它并非严格界定的研究方法，而是一种灵活的研究取向，强调在实际工作情境中边做边学，持续迭代。教育行动研究的四大特性鲜明：首先，它源于实践需求，为解决具体问题而生，旨在提升行动效能；其次，研究过程与行动紧密交织，不断试验解决方案的有效性；再次，行动者与研究者的角色界限模糊，双方互动协作，加速理论与实践的融合；最后，它适应动态变化，依据即时反馈灵活调整策略，确保研究成果的快速转化与应用。这一过程遵循计划、行动、观察与反思的循环框架，形成螺旋上升的发展态势，推动教育实践不断向前迈进。

3. 设计型研究

在教育心理学的研究领域中，量化研究与质性研究各具价值，共同致力于描述、解释学习与教育领域的客观现象、基本关系及规律，但二者均非直接侧重于学习成效与教育质量的即时提升。鉴于这一局限，研究者开创性地引入了设计型研究（design research，亦称 design-based research 或 design experiment），这一新兴研究范式旨在通过精心设计的干预措施，在实际教育情境中探索并实施创新教学策略与工具，以期在解决实际教学问题的同时，揭示并验证这些策略如何促进学习成效与教育质量的实质性提升。设计型研究不仅丰富了教育心理学的研究手段，更为教育实践的改革与创新提供了强有力的理论支撑与实践指导。

（1）设计型研究概述。由著名认知科学家及 1978 年诺贝尔经济学奖获得者西蒙提出的自然科学与人工科学之分，深刻揭示了二者研究目的的本质差异：自然科学旨在探索与阐述自然界的固有规律，而人工科学则在于创造与优化设计方案。当今社会，设计科学以持续的创新能力，在多个领域（如建筑、工程、计算机科学及医药）展现出巨大价值。教育研究在本质上亦属于设计科学的范畴，旨在通过设计有创新力的教学方案来促进教育质量的提升。然而，传统教育研究多在于对教育现象的揭示与描述，缺乏对教育设计方案的系统探索与优化，这限制了其对教育创新的直接贡献。鉴于此，自 20 世纪 90 年代起，教育研究界开始反思并引入"设计型研究"或"设计型实验"的概念，旨在通过形成性研究方法，不断迭代优化基于理论与实践融合的教育设计方案。此过程强调在真实学习环境中实施并评估设计，依据实践反馈逐步完善，最终实现教育实践与理论知识的双重进步，即便面对诸多不可控因素，研究者亦致力于在自然状态下寻求设计方案的最优化。

（2）设计型研究的过程。设计型研究常常不是一个研究者能完成的，而是需要一个团队来共同完成。下面参考一些研究者的观点，分析一个团队完成设计型研究的过程。

① 设计的实施。鉴于教育设计的独特性，研究者需精确识别并界定设计中的核心要素及其编排方式，这是确保设计有效性的关键前提。在评估设计实施成效时，研究者应深入具体案例，细致剖析这些关键要素及其间的互动机制，这些要素往往凝聚为设计的指导性原则。在实践中，设计要素的实现程度各异，部分要素可能忠实执行设计者初衷，部分则可能根据情境调整优化，甚至存在未落实的要素。因此，研究者的核心任务是系统记录并详尽描述每项设计的执行情况，明确标注各关键要素的实施状态，并综合评估设计整体是否达成设计者预设的目标，从而为后续设计的优化与迭代提供坚实依据。

② 在实施进程中修改设计。在教育设计的研究过程中，当遇到设计要素无效的情况时，研究者需深入分析原因并改进。这一过程涉及收集关键信息，包括失败点、设计调整及调整后的效果。研究报告应详细阐述教育设计的每个细节、实施中的挑战、改进措施及最终结果。研究者需明确各阶段设计的关键要素，以及过渡到下一阶段的逻辑和目标。每个阶段都应基于研究问题收集数据，例如通过学习测评进行阶段比较。研究者可利用多种研究方法搜集这些数据。通过报告教育设计的发展过程，评价者能够评估设计决策的合理性和研究结论的可靠性。

③ 从多个侧面分析评价一项教育设计。有效的教育设计包括多个层面的特征，因此，在分析和评价一种设计方案的有效性时，研究者至少应该考虑以下层面的问题。

❖认知发展层面。审视学习者在活动前的知识基础，以及他们在整个活动过程中知识技能的变化轨迹。通过学习者以言语或形象方式表达的想法，评估其清晰度与关键关系的把握程度。

❖人际互动动态。分析教师与学生间的人际交往模式，包括知识共享、合作互动、相互尊重与帮助等方面。采用人种志研究方法，深入观察并记录这些互动的细节与特征。

❖群体结构与特性。考察学习共同体的参与程度、群体认同感及权力分布状况。关注每名成员的活跃度、对群体目标的认知程度以及群体内部的控制与主导关系。同样采用人种志方法，以获取全面而深入的群体动态信息。

❖资源可用性与整合。评估学习者可接触的资源种类、获取难易度及其在学习活动中的融入程度。强调资源的易用性和可理解性，确保它们能够有效支持学习过程。

❖机构环境与支持。分析教育机构为设计方案实施提供的内外部支持的情况。考察家长满意度、管理者支持力度以及微观政策对设计实施的影响。强调机构层面在推动教育改革与创新中的关键作用。

❖设计方案效能分析。深入探讨学习环境中各关键设计要素的作用机制。观察并记录学习者与教育者对这些设计要素的实际使用情况及其对学习结果的贡献。强调设计方案的整体效能评估，以指导后续的设计优化与迭代。

④ 确定因变量。教育创新成功与否，应超越单一的学生考试成绩衡量标准，转而综合考量多种评价尺度。这包括评估设计方案在研究者撤离后的可持续性、其对培养高水平思维能力而非简单机械学习的贡献程度，以及对学生学习态度与行为产生的深远影响。为达成这一目标，需灵活运用多样化的评价方法，从标准化的前后测试，到细致的问卷调查、深入的访谈，再到细致入微的观察记录，这些量化与质性评价手段相辅相成，共同构成了设计型研究中不可或缺的评价体系，确保了评估的全面性、客观性和深度。

⑤ 确定自变量。需全面而细致地关注影响设计方案实施成效的多元变量体系，以确保评估的严谨性与层次性。以下是需主要关注的六大变量。

❖实施情境的多样性。设计方案的适用边界需通过在不同情境（如家庭、学校、工作场所、博物馆等）中的实践检验来界定。每种情境的独特性均可对实施效果产生深远影响，因此，广泛验证是确定其适用范围的关键。

❖学习者特征的差异性。学习者的多样性（包括年龄、能力层次、社会经济背景、出勤率及学业表现等）是设计方案需细致考量的另一重要因素。明确设计对不同类型学生群体的差异化影响，是优化教育方案、促进个性化学习的基础。

❖资源与支持的充分性。实施过程所需的资源与支持，如教学材料、技术支撑、管理层与家长的支持等，是保障设计方案顺利执行的关键因素。确保资源充足、支持到位，对于提升实施效果具有不可替代的作用。

❖教师发展的持续性。教育设计的成功实施离不开教师及相关人员的专业发展。通过组织设计方案研讨会、培训课程、课例分析、专家指导、同伴互评及反思实践等多元化发展途径，不断提升教师的专业素养与实施能力，是保障设计方案落地生根的重要一环。

❖费用投入的合理性。对实施过程中的各项费用开支进行详尽记录与合理分析，包括设备购置、资料准备、服务费用、培训成本及教师补贴等，是评估设计方案经济可行性与成本控制能力的重要步骤。确保费用投入的合理性与效益最大化，是教育创新可持续发展的关键。

❖实施路线的明确性。清晰而具体的实施路线，包括引入与执行的环节步骤、时间规划及效果预期等，是指导设计方案有序推进的蓝图。确保实施路线的明确性与可操作性，有助于提升实施效率与效果持久性，为教育创新的成功实施奠定坚实基础。

以上六大变量相互交织、共同作用，一起影响着设计方案的实施成效。研究者需根据具体研究目的与关注点，灵活选取并深入分析相关变量，以形成全面而深入的理解与评估。

⑥ 报告研究结果。实验报告型文章的撰写已经形成了一定的结构规范，包括问题的背景、实验方法、结果和讨论等部分。设计型研究的结果报告方式与此有所不同，通常需要报告以下内容。

❖设计框架与目标明确。首先，需以清晰且具体的方式界定设计的核心要素，包括所用材料、规划的活动及遵循的设计原则等，并阐述这些要素是如何组织起来的。其次，明确设计旨在达到的具体目标，以及各要素与目标之间的内在联系，确保设计方向明确、目标导向性强。

❖实施环境的具体描绘。详细阐述设计方案得以实施的具体环境条件，涵盖自变量部分所提及的多个维度，如家庭、学校、工作场所等不同类型的环境特征。若设计在多种环境中实践，则需逐一说明各环境间的差异，以便读者理解不同环境对实施效果的可能影响。

❖实施阶段的细致剖析。针对每个实施环境，深入剖析教育设计所经历的各阶段改进过程。明确每个阶段的基本情况，包括实施的具体内容、采用的方法及遇到的挑战等。同时，阐述从一个阶段过渡到另一个阶段的动因，以及所作出的调整与决策依据，展现设计方案的动态优化过程，使读者能够清晰地把握设计的再设计轨迹。

❖实施效果的全面呈现。针对每种环境下的各个实施阶段，采用类似于量化研究与质性研究的报告方式，全面呈现对因变量的测评分析结果。这包括但不限于学生的学习成果、态度变化、参与度提升等方面的数据或观察记录，形成实施效果的多维剖面图，为读者提供直观、全面的实施效果展示。

❖经验教训的深刻总结。在综合分析各实施环境和环节的基础上，提炼出设计方案的有效性与适用性方面的经验教训。既要肯定设计方案的成功之处（如创新点、亮点等），也要坦诚地指出其局限与不足（如适用范围限制、实施难度等）。通过深入分析成功与失败的原因，为未来的教育设计与实施提供有价值的参考与借鉴。

（二）教育心理学的研究方法

1. 问卷法

问卷法是一种通过精心设计的统一问卷，系统收集研究对象行为资料及相关心理信息的研究方法。研究者需根据研究目的，构建问卷框架，细化问题设计，并进行问卷的试用与修订，以确保其有效性。在发放问卷过程中，应灵活选择个别或集体方式，力求高回收率。该方法适用于大规模调查，效率高且便于统计分析，但需注意其灵活性有限，难以深入探究复杂问题。

2. 实验法

实验法旨在通过操控特定变量，在控制条件下揭示心理现象及教育规律的研究方法。它可细分为自然研究与实验室研究。实验设计需明确自变量（如教学方法）、因变量（如学习成绩）及无关变量，并采取措施控制无关变量干扰。实验法的优势在于能深入剖析变量间的因果关系，但需注意人为情境可能影响结果普适性，且无关变量控制难度较大。

3. 观察法

观察法通过直接观察与科学工具辅助，有计划、有目的地记录客观对象表现，以收集研究资料。自然观察强调在无干预环境下记录，而实验观察则涉及一定程度的控制。观察结果需建立编码体系进行量化分析，以提高研究的客观性。该方法在自然或接近自然环境下进行，有助于提升研究结果的推广性，但需避免主观偏见的影响。

4. 访谈法

访谈法通过与研究对象深入交谈，收集心理特征和行为数据资料。访谈过程强调双方互动，要求访谈者以恰当的方式提问，引导被访者真实表达观念、情感和态度。访谈计划需紧密围绕研究问题，确保访谈内容的有效性。该方法有助于深入了解研究对象的主观感受与复杂心理过程，被广泛地应用于心理与教育研究领域，但对访谈者的专业素养要求较高。

5. 微观发生法

微观发生法是一种针对学生认知变化进行精细纵向研究的方法。它在于认知发展过程中的关键环节，通过高密度观察与反复试验，揭示认知变化的具体过程与机制。该方法通常包括前测、练习或干预、后测三个阶段，收集正确率、反应时间、口头报告等多维度数据。微观发生法为理解个体认知发展提供了深入视角，有助于揭示学习过程中的细微变化与策略形成。

二、教育心理学的"文化"重构

（一）教育心理学中的文化适应性与学习策略

在教育心理学领域，文化适应性被视为衡量学习者如何在多元文化背景下调整学习策略，以适应不同文化环境的关键能力。这一能力不仅涵盖了对新文化的深刻理解与积极接纳，更强调了在跨文化教学环境中高效学习与顺畅交流的能力。为增强学习者的文化适应性，教育者需深入洞悉各文化背景下的学习偏好、价值观体系及内在动机，从而精准把握学习者需求。通过融入多元文化元素的课程设计与教学实践活动，教育者能有效促进学生间对不同沟通模式的认知与尊重，进而提升其跨文化适应力。此外，研究亦揭示文化适应性与学习策略的选择息息相关，成功的策略需灵活适应不同的文化环境，支持学习者在面对新学习挑战时，能够迅速调整策略。在集体主义文化中，侧重团队合作与协作解决问题的策略往往更为奏效；而在个人主义文化中，更倾向于鼓励独立思考与自我导向的学习策略。因此，教育心理学领域的文化适应性研究致力于探索并实践一套能够广泛适应不同文化背景学习者的教育教学策略，以促进教育的公平性与有效性。

（二）文化背景对学习者自我概念和自我效能感的影响

自我概念即个体对自我身份与价值的主观认知，在不同文化土壤中孕育出各异的形态：西方文化崇尚个人主义，往往催生独立自强的自我认同；而东方文化强调集体主义与和谐共生，则可能塑造出更具关联性的自我概念。自我效能感，即个体对完成任务的信心与能力判断，同样受到文化背景的深刻影响，通过调节成就目标的设定、反馈机制的差异及社会支持系统的构建，间接塑造着个体的自我效能感。因此，教育心理学研究者需细致剖析文化背景对这两者形成的微妙作用，并探索有效的教育干预策略，旨在培养学习者积极的自我认知与高度的自我效能感，这对于提升学业表现与心理健康水平具有深远意义。

（三）文化差异对教育评估和干预的挑战

在教育心理学中，教育评估与干预作为核心应用领域，其成效深受文化差异的影响。为确保评估的公正性与准确性，评估工具与方法的设计必须充分考量文化多样性，避免忽视文化特定的知识与技能，从而全面反映学习者的多元背景与能力。同样，教育干预措施亦需灵活适应不同文化情境，尊重并融入学习者的文化价值观、学习习惯及社会背景，促进文化认同与参与。此外，教育者应警觉文化偏见与刻板印象的潜在威胁，积极采取措施削弱其负面影响，以确保干预措施的有效性与包容性。

综上所述，适应文化差异的评估与干预策略，是提升教育质量与促进学习者全面发展的关键所在。

》》 第三节　教育心理学主体的心理分析

一、学生的认知发展

（一）认知发展的概念

认知，作为个体获取与运用知识解决问题的基本能力，深藏于人类内在的心理活动之中。尽管我们无法直接观察认知过程，但可以通过分析个体的外在行为表现来间接推测其内部的认知活动。从广义角度看，认知活动普遍存在于各类心理过程中，是心理活动不可或缺的组成部分。

发展是一个随着时间推进的过程，它导致有机体在结构和功能上发生变化。这一生物学上的普遍现象使得我们能够在一定程度上预测有机体的发展轨迹。人类的发展是多方面的，包括人格、生理等多个领域。特别的是，认知发展在这一过程中扮演着重要角色。它不仅受到自然成熟过程的影响，即那些不由外界干预而自发产生的变化，更重要的是，认知发展是成熟与外部环境相互作用的结果。这种相互作用共同推动着个体知识体系的构建和解决问题能力的提升。

（二）认知发展的基本原理

尽管关于发展的内涵和发生发展的方式还存在争议，但是大多数心理学家都认同下面几条发展的基本规律。

1. 发展的有序性与可预测性

人类发展遵循着一定的顺序和模式，但这种"有序"与"可预测性"并非绝对。个体的发展轨迹可能由于多种因素而异，表现为超前、滞后或停滞等状态。因此，预测发展进程时，需考虑这些不确定性。

2. 发展的渐进性

认知发展是一个长期且持续的过程，如同滴水穿石，需要时间的累积方能显现成效。尽管整体进程缓慢，但在某些特定年龄阶段，个体可能会经历较为显著的发展飞跃。

3. 发展速度的非均匀性

认知发展的速度并非一成不变，而是呈现出波动性和阶段性。在发展过程中，个体可能会遇到进步停滞期与平缓期，这些阶段与快速发展期交替出现，共同构成了发展轨迹的多样性。

4. 遗传与环境的双重影响

发展是多因素共同作用的结果，其中遗传与环境扮演着不可或缺的角色。遗传为发展提供了基础框架，限定了可能的发展范围与路径。而环境则作为外部刺激源，通过提供学习机会、社会互动等方式，对发展轨迹产生深远影响。因此，在探讨认知发展时，必须综合考虑遗传与环境的双重作用。

二、学生的自我意识、自我概念与自尊

（一）自我意识

自我意识作为个体对自身心理、思维及行为活动的深刻认知与体验，是人意识结构中不可或缺的一环，它独特地体现了人类对自身存在的觉知与调控能力。自我意识并非与生俱来，而是随着个体成长，在逐步探索外界与自我互动的过程中构建起来的。这一过程起始于对外部世界的认知，进而转向自我反思。其中，社会交往及他人反馈成为塑造自我意识的关键要素。自我意识不仅是个人性格与社会性发展的基础，也是个体与环境持续互动、相互塑造的产物。它既是社会化进程的成果，又反过来加速了个体的社会化步伐，推动个体

在自我认知与社会适应方面不断前行。

（二）自我概念

自我概念是个体对自身认知、情感与态度的综合体现，它基于个体与环境互动的经验积累，并深受外界强化与评价的影响。这一复合体涵盖自信、自尊、稳定性及自我定型等多个维度。自我概念的稳定性取决于个体信念的成熟度，丰富经验使得信念结构稳固，面对外界冲突时，仍能维持不变；反之，则易于受外界影响而产生波动。随着情境变迁与年龄增长，自我概念经历了从具体到抽象的演进，低龄时往往模糊而松散，后在教育引导下渐趋复杂与精细化。尽管传统上假设存在总体自我概念，但现代研究结果揭示，自我概念实则以层级结构组织展现出更为细腻与动态的内在逻辑。

教师尤为关注自我概念如何驱动学生的学习动机与学习成效，并致力于探索提升自我概念的有效策略，以及社会与教育环境对自我概念的塑造作用。众多研究结果表明，积极的自我概念，尤其是关于学习能力的自信与自我价值感，与学生在校的学习兴趣、动机及学业成绩存在正向关联。成绩优异的学生往往展现出高度的自信与自尊，这一发现虽然有待更深入研究验证，但自我概念与学习成效间的相互影响已初现端倪。值得注意的是，教育干预对整体自我概念的积极影响往往需要较长时间方能显现，而在特定学习领域（如阅读），针对性的干预能迅速见效。例如，语言基础扎实的学生在阅读上更易建立积极的自我概念，这一优势随着时间推移而愈发显著，凸显了早期阅读经验对自我概念塑造的关键作用。

（三）自尊

自尊是个体对自我价值及自我接纳程度的深刻感受，它与自信等要素共同构筑了个体的自我概念基础。个体若能确信自身能力足以达成预期成果，高效完成任务，其自尊水平便得以提升。这种高自尊进而激励个体勇于挑战艰巨任务，而成功的体验又反过来强化其自信。自尊与学校生活之间存在着动态的相互作用：自尊不仅塑造学生的自我评价与情绪状态，而且影响其在校表现，高自尊学生往往在学校各领域展现出更高的成就与积极行为，如赢得更多赞许、促进班级和谐及拓展社交圈。反之，学校环境亦对自尊有着深远影响，学生对学校的满意度直接关联到其学习兴趣，而教师的教学方式、评价机制及情感关怀均是学生自尊发展的重要外部因素。此外，教学组织形式与学习风格的优化

（如倡导探究与合作），能有效促进学生间的互动、自信树立与自尊维护。集体认同则进一步催生了集体自尊，这种基于群体归属感的自豪感为个体构建稳定的自我同一性提供了坚实支撑。

教育心理学家古柏·史密斯在《自尊心的养成》中，详尽阐述了培养自尊心的三大先决条件①，这些条件深刻关联着个体心理需求的满足。首先，重要感是自尊的基础，它源自个体在社会交往中被认可与重视的体验，家庭中的亲情滋养与学校环境中师生及同伴的接纳共同构筑了这份感觉。其次，成就感作为自尊的重要支柱，源于个人在挑战中达成目标所收获的满足与自豪，学业上的成就尤为关键，它不仅是知识技能的展现，更是自我认知与价值认同的深化。最后，力量感是面对困难与挑战时不可或缺的勇气源泉，它建立在个体对自身能力的自信之上，体现为独立解决问题、应对学业压力的能力。与力量感相对立的是无力感，它源自反复的挫败，可能在学生心中埋下畏惧与退缩的种子，阻碍其后续的成长与发展。综上所述，重要感、成就感与力量感三者相辅相成，共同构成了自尊心培育的坚实框架，只有当这些心理需求得到妥善满足，个体的自尊心才能茁壮成长。

三、社会文化背景差异

提及"文化"，多数人的第一印象或许是新闻中频繁报道的艺术盛事，如画展、音乐会及古典戏剧等，但文化的范畴远不止于此，它深刻地融入了人们日常生活的方方面面，构成了一个群体独有的生活方式。广义上的文化可理解为群体共享的规范、传统、行为习惯、语言体系及集体认同感的集合，其核心在于传递一套指导行为的知识框架、道德规范、信仰体系及价值观念。这种文化由群体共同创造并维系，在成员间自由流通，相互影响。实际上，我们更多的是某个或某些特定文化群体的成员，而非抽象文化的简单归属。每个人可能同时融入多个文化圈，体验着多元文化的交织影响，这种影响有时和谐共生，有时则可能产生冲突。个人信念的塑造往往与其对所属文化群体认同感的深度紧密相连。文化的教化力量虽然不显山露水，却能在潜移默化中根深蒂固地影响个体。鉴于教育肩负着文化传承与人格塑造的重任，它必须深刻洞察并融入文化因素，以促进学生全面而和谐的发展。

---

① 陈琦，刘儒德. 当代教育心理学 [M]. 2 版. 北京：北京师范大学出版社，2007：50.

文化差异作为一种普遍现象，其表现层次却复杂多样。这类差异往往并非全然显而易见，而是多隐匿于表象之下，恰如海中冰山，仅有一角显露于世，其余庞然大物则深潜于波涛之中，难以窥见。传统文化、习俗庆典等，仅是文化差异浮于水面的冰山一角，其下潜藏着更为庞大且微妙的差异体系，这些差异可能以含蓄甚至无意识的形式存在，如偏见与深层信念，它们悄无声息地影响着人们的思维与行为。正是这些深层次的差异，因其难以捉摸与辨识，成为改变与理解的重大障碍。当不同文化相遇时，若这些潜藏的差异未能得到充分的认知与尊重，便极易引发误解与冲突，对文化交流与融合构成挑战。因此，深入探索并理解文化差异的全貌，是促进文化和谐共融的关键所在。

学生踏入校园之际，其成长历程中已深深烙印着多元文化的印记，这源自社会经济地位、地域方言、地域特色以及群体认同感与经验的综合影响。他们带着各自独特的语言习惯、信仰体系、行为态度乃至饮食偏好步入学习殿堂，这些文化因素无一不在无形中塑造着学生的学习风貌。在特定的文化背景之下，学生展现出的行为习惯往往对课堂教学构成显著影响。例如，面对学校推广标准普通话的要求，讲方言家庭的学生可能面临适应挑战；又如，当学校倡导竞争精神与独立学习能力之时，那些来自强调合作精神家庭或社群的学生则可能感到格格不入，从而在学业竞争中处于相对劣势。因此，深刻洞悉学生的文化背景，成为教师有效传授学科知识、培育学生优良行为习惯不可或缺的前提。它要求教师具备跨文化敏感性与适应能力，以更加包容与灵活的教学策略，助力每名学生充分发挥潜能，实现全面发展。

第二章 学习与学习理论

>> **第一节 学习概述**

一、学习的概念

学习是一种古老而永恒的行为，是人类社会和个体进化发展的推进器。关于学习的概念，在不同的历史条件和研究视角下，人们有不同的定义和解释，提出了不同的观点。

（一）广义的学习

广义的学习是指有机体在后天的生活过程中，通过实践训练而获得个体经验，并由经验引起的比较持久的心理和行为的变化过程。从这个定义来看，学习具有以下三个特点。

第一，人类与动物学习的本质差异。人类与动物的学习现象虽然普遍共存，但二者存在本质区别。人类的学习旨在主动适应并改造环境，其过程超越了基本生存需求，蕴含深刻的社会性目的。相比之下，动物的学习更多的是一种为了生存而被动适应环境的活动，缺乏明确的社会指向性。人类学习不仅汲取个体经验，更强调对社会经验的掌握，这一过程紧密依赖语言和思维，是第一信号系统与第二信号系统协同作用的结果。而动物的学习则主要依赖直接体验，局限于第一信号系统的运作。

第二，学习的本质是后天经验获取。学习作为一种后天活动，其核心在于个体通过与外界信息的互动，主动构建和积累经验。这一过程不仅涉及对外界刺激的感知，更强调个体在信息接收中的主动性与选择性，体现了学习活动的

17

内在动力与选择性吸收。

第三，学习对有机体心理与行为的持久影响。学习不仅赋予有机体新的知识与技能，更重要的是，它促成了心理结构与行为模式的相对持久性变化。这种变化可能不立即显现，而是作为潜能储备，在适当情境下外化为具体行为。值得注意的是，真正的学习引发的行为改变是深刻且稳定的，区别于偶发性、短暂性的行为调整，如疼痛导致的临时性行走姿态变化，并不属于学习行为的范畴。

（二）狭义的学习

狭义的学习专指人类的学习，是人在社会生活实践活动中，以语言为中介，经思维活动而自觉积极主动地掌握人类历史的社会知识经验，以积累个体经验的过程。

1. 人类的学习特点

人类学习是一种高度社会化的活动，从根本上区别于动物的学习行为，其本质在于人的社会性本质。人的学习并非孤立存在的，而是深深根植于社会生活实践之中，这一过程不仅塑造了个体的认知结构，更促进了社会关系的丰富与发展。语言的运用作为人类学习的独特工具，包括书面、口头及肢体语言等多种形式，极大地拓展了学习的广度与深度，使得人类能够跨越时空界限，传承与积累社会历史经验。在这个过程中，个体不仅积极主动地积累这些知识，更通过实践将其转化为改造环境、适应社会变化的实际行动，展现了人类学习在促进个人发展与社会进步中不可替代的作用。

2. 学生的学习特点

学生的学习活动作为人类学习体系中的特殊形态，承载着传承知识、培养技能与塑造品德的多重使命，其特点鲜明，具体体现在以下几个方面。

第一，学生的学习以掌握间接经验为核心，这一过程虽然以间接认识为主，但绝不忽视直接经验的价值。学生主要通过学习前人积累的科学文化知识来丰富自己的知识体系。如何将这些间接经验与个体的直接体验相融合，使之成为鲜活的知识养分，是教师教学智慧的重要体现，也直接关乎教学成效的高低。

第二，学生的学习活动是在教师精心指导下展开的，这一特点赋予学习过程明确的方向性和高效性。教师的角色不仅仅是知识的传递者，更是学习道路上的引路人。通过系统的规划与科学的指导，教师能帮助学生规避学习误区，加速知识内化的进程，确保学生在有限的时间内获得最大的学习收益。

第三，学生的学习活动具有鲜明的目的性和教育性。每一阶段的教育都承载着特定的社会期望与培养目标，这些目标通过教学计划得以具体化，引导着学生的学习方向。在学习过程中，学生通过探索和实践，将个人成长与社会需求紧密结合，体现了学习的社会价值和现实意义。

第四，学生的学习任务远不止于知识积累，更在于技能的培养与思想道德水平的提升。我国现阶段的教育目标明确指出，教育应服务于社会主义现代化建设，注重学生德智体美劳全面发展。因此，学生在学习过程中，不仅要扎实掌握专业知识，而且要培养解决实际问题的能力，同时不断提升个人品德修养，努力成为符合社会需求的复合型人才。这一过程既是对学生综合素质的全面锤炼，也是其未来人生道路的重要奠基。

二、学习的类型

学习涵盖了多元化的对象、丰富的内容、多样的形式、不同的水平层次及各异的学习成果，其分类体系亦随之展现出高度的多样性与灵活性。鉴于学习的这一复杂特性，对其进行科学合理的分类显得尤为重要。有效的学习分类不仅能够深刻揭示各类学习的内在规律，更为教育工作者提供了宝贵的理论支撑与实践指南。通过精准把握各类学习的特征与规律，教育者能够采取更加有针对性的教学策略，科学地理解和引导教学过程，进而最大限度地提高学生学习的有效性与成效，实现教育目标的全面达成。下面列举几种有代表性的学习类型。

（一）按照学习水平分类

（1）信号学习。这是学习的最基础层次，涉及对特定信号的即时反应，主要依赖个体先天的神经反射机制。

（2）刺激-反应学习。此阶段的学习侧重于操作性或工具性条件作用，即通过反复试错，建立刺激与反应之间的直接联系。

（3）连锁学习。学习进一步复杂化，涉及一系列有序的刺激与反应的串联，要求个体能够按照特定的顺序执行一系列的动作。

（4）言语联想学习。作为连锁学习的一种特殊形式，它专注于言语单位的序列记忆与联想，体现了语言学习的基础过程。

（5）辨别学习。此阶段的学习要求个体能够准确区分不同刺激的特征，并作出相应的差异化反应，体现了认知加工能力的提升。

（6）概念学习。学习进入抽象思维层面，个体开始能够对刺激进行分类，并对同类刺激形成一致性的认知与反应。

（7）规则学习（或原理学习）。在这一层次，学习者需要深入理解事物（概念）之间的关系，掌握概念间的逻辑联系以及由此构成的规则或原理。

（8）解决问题学习。作为学习的最高层次，它要求个体能够灵活运用所学的概念与原则，创造性地解决复杂问题，展现高度的认知灵活性与问题解决能力。

上述八种学习类型从简单到复杂、从低级到高级逐步递进，每一类型都以前一类型为基础，构建了完整的学习发展路径。学校教育尤为重视后四类较复杂、高级的学习类型，旨在培养学生的高级认知能力与问题解决技巧。

（二）按照学习结果分类

（1）言语信息。学生可以借助言语信息媒介（如口头交流、书面材料等）获取知识。此学习过程在于名称、事实、事件特性及系统化的概念与定义等陈述性知识，即"是什么"的知识体系。教师可通过评估学生复述言语信息的能力来判断其掌握程度。

（2）智力技能。在此阶段，学生不仅可以掌握概念与规则，更重要的是能将这些知识灵活地应用于新情境中，解决具体问题，属于"怎么做"的程序性知识范畴。加涅进一步地将此阶段细分为从辨别到概念、规则直至解决问题的不同层级，依据心理运算的复杂度递增排列。

（3）认知策略。这一过程关注学生如何有效管理自己的学习进程，包括注意力分配、学习策略选择、记忆强化及思维调控等技能。认知策略作为一种控制机制，旨在优化学习过程，提升任务完成效率与质量。

（4）动作技能。此类型学习涉及身体动作的协调与自动化，通过反复练习，形成一系列精确且流畅的动作模式。动作技能包含运动规则的学习与肌肉协调能力的训练，如背越式跳高中的技术要领与全身肌肉的高度协同，体现了技能操作的复杂性与精细度。

（5）态度学习。此类型学习关注的是个体对特定对象（人、物、事件等）所持有的内在倾向与评价，这种倾向直接影响个体的行为选择与价值取向。它是个人情感、认知与行为的综合体现，是个体心理结构中的重要组成部分。

（三）按照学习性质分类

奥苏贝尔提出将学习分为接受学习、发现学习、机械学习、意义学习。

1. 接受学习

接受学习是指学生在教学过程中，主要通过听取讲解、阅读资料等方式，直接接收并记忆教师传授的信息，而非主动探索或深入理解其内在逻辑与联系。这种方式虽然能迅速地累积大量的知识，但若缺乏后续的深化理解与应用实践，则可能仅停留于短期记忆层面，难以形成长期且稳固的认知结构。

2. 发现学习

发现学习倡导学生通过自主探索、实验验证及问题解决等过程，主动发现并掌握新知识。奥苏贝尔认为，此方法能显著提升学生的参与度与学习兴趣，促进对知识的深入理解和内化。然而，相较于接受学习，发现学习可能在效率上有所不及，尤其是在面对大量需要被快速掌握的信息时。

3. 机械学习

机械学习侧重于对知识的死记硬背与简单重复，忽略了知识间的内在联系与深层意义。这种学习方式往往导致学生对所学知识仅有表面的、碎片化的认识，缺乏系统的理解与灵活应用的能力。机械学习与接受学习在某些方面相似，但更强调记忆过程的形式化与机械化。

4. 意义学习

意义学习是奥苏贝尔教育理论的核心，它强调学习应是一个主动建构知识意义的过程。在这一过程中，学生将新获得的知识与自身已有的认知结构相融合，形成更加完整、连贯的知识体系。奥苏贝尔提出的"先行组织者"策略，即为意义学习提供了有效的实施路径，通过在学习新材料前引入一个概括性概念框架，帮助学生搭建新、旧知识之间的桥梁，从而促进知识的有效整合与深度理解。这一理论不仅强调了对知识的深刻理解，也注重了知识的长远记忆与实际应用能力。

（四）按照学习目标分类

认知领域的学习主要分为六类，每一类都代表了学习者对知识的掌握程度和认知能力的发展。

（1）知识。此阶段涉及对信息的初步接触与记忆，即学习者能够识别并记住所学的基本事实、概念或术语，为后续学习奠定基础。

（2）领会。此阶段学习超越简单的记忆层面，学习者开始尝试解释所学知识，理解其内在含义与相互关系，能够用自己的话复述或举例说明所学内容。

（3）应用。在这一阶段，学习者能够将所学的概念、法则或原理灵活地应用于新的情境中，解决实际问题，展现知识的迁移能力。

（4）分析。此阶段要求学习者具备批判性思维能力，能够将复杂的信息分解成各个组成部分，识别并理解各部分之间的关系与相互作用，从而洞察事物的内部结构与运作机制。

（5）综合。此阶段学习是在分析的基础上，学习者将分解后的信息重新整合，创造出新的、有意义的知识结构或解决方案。这一过程体现了创新性与系统性思维，是知识重构与创造的重要阶段。

（6）评价。此阶段是认知学习的最高层次，学习者不仅具备深厚的专业知识，还能够综合内外部信息，对事物的本质、价值或质量作出全面、客观且富有洞察力的判断与评价。这一过程需要学习者具备高度的批判性、反思性及判断力。

（五）按照学习内容分类

1. 陈述性知识的学习

陈述性知识，即关于"是什么"的知识体系，是知识学习的核心内容。学习者通过领会概念、深入理解其内涵、巩固记忆并在实际问题中加以应用等环节，实现对这类知识的掌握。此过程旨在解决学生的认知问题，确保他们能够清晰理解并准确记忆所学内容，同时能够在需要时提取并应用这些知识。

2. 程序性技能的学习

程序性技能学习涵盖动作技能、心智技能及操作技能，是关于"怎么做"的知识与技能体系。学生通过反复练习，从生疏到熟练，逐步掌握这些技能。这一过程不仅关注技能本身的掌握程度，还强调操作的准确性和效率。程序性技能学习旨在培养学生解决实际问题的能力，确保他们能够独立、高效地完成任务。

3. 学习策略的学习

学习策略的学习在于如何有效地规划、监控和调整学习过程，以实现高效学习。学习者需根据学习目标和个人特点，制订合理的学习计划，选择适宜的学习方法，并在学习过程中进行持续的自我监控与调整。学习策略的学习旨在培养学生的自主学习能力和元认知能力，帮助他们找到最适合自己的学习方式，从而提升学习效率和质量。

4. 社会行为规范的内化学习

社会行为规范的内化学习是一个将外部行为准则内化为个体内在行为需求的过程。学生需认识并理解社会所期望的行为规则，通过实践体验这些规则的执行效果及其带来的情感体验，最终形成自觉遵守社会规范的行为习惯。这一过程不仅关乎学生个人品德的塑造，也影响着他们与社会的和谐共处。社会行为规范的内化学习旨在引导学生树立正确的价值观和行为导向，确保他们能够在复杂多变的社会环境中作出恰当的行为选择。

三、影响学习的因素

学习是一个复杂的心理过程，受多种因素的影响。影响学生学习的因素可分为内部因素和外部因素。

（一）内部因素

学习者在学习时，其内部准备状态在一定程度上影响着学习效果。

1. 学习态度

学习态度是指学习者对学习活动持有的较为稳定且持久的内在情感倾向，表现为对学习价值的认同程度以及参与学习的积极或消极心态。这种态度是在个体与环境互动过程中逐渐形成的，并可通过适当的教育干预进行调整和优化。

2. 学习兴趣

学习兴趣是学习者在探究知识过程中展现出的强烈好奇心与情感投入，是推动学习进程的重要内在动力。它分为直接兴趣与间接兴趣：直接兴趣源于学习活动本身的吸引力，激发即时的学习热情；间接兴趣则基于对学习成果的预期，驱动学习者为达成目标而努力学习。学习兴趣不仅是学习动机的核心组成部分，也是提升学习效果的关键因素。

3. 学习迁移

学习迁移是指先前学习经验对后续学习活动的正面或负面影响，体现了知识、技能在不同情境下的灵活应用与适应能力。有效的学习迁移不仅要求学习者掌握扎实的基础知识，还需培养跨情境思考与解决问题的能力，以促进知识的融会贯通与创新应用。

4. 情绪状态

情绪状态是影响学习效果的重要因素。良好的情绪与适度的焦虑水平能显著提升学习效率与成果。积极情绪（如自信、乐观等）能激发学习动力，促进认知加工；而适度的焦虑则有助于维持学习专注度，但过度焦虑则可能干扰学习进程。因此，调节情绪状态对于优化学习效果至关重要。

5. 疲劳状态

疲劳是指由于长时间连续学习而导致的生理与心理双重耗竭现象，表现为注意力分散、反应迟钝、记忆力下降等，严重制约学习效率与持续性。避免过度疲劳，合理安排学习与休息时间，采用科学的学习方法，对于保持高效学习状态、预防学习疲劳具有重要意义。

（二）外部因素

学习的外部环境是影响学习者学习效果不可忽视的重要因素。光线的明暗、环境的宁静程度直接关联学习者的注意力集中度与心理状态，过强或过弱的光线、嘈杂的环境都可能分散学习者的注意力，削弱其学习专注度。此外，学习材料的难易程度及排列有序性也至关重要，适宜难度的材料能激发学习者的挑战欲，促进其思维发展；而杂乱无章的材料布局则可能增加学习者的认知负担，降低学习效率。因此，优化外部环境，如调整光线、保持安静、精选并有序呈现学习材料等，对于提升学习者的学习体验与成效具有积极作用。

》》 第二节　学习理论

一、行为主义学习理论

行为主义学习理论认为，学习是刺激（S）与反应之间（R）的联结（S-R），即形成行为习惯或条件反射的过程。行为的塑造主要依靠强化来实现，如得不到强化或没有受到惩罚，则行为会消退。它强调通过改变学习的外部条件和环境来塑造个体的行为。

（一）巴甫洛夫的经典条件反射理论

巴甫洛夫，苏联杰出的生理学家，在神经生理学领域取得了卓越成就，并因其在条件反射与信号机制方面的开创性研究而荣获 1904 年诺贝尔生理学或医学奖。巴甫洛夫提出的经典条件反射理论，不仅深化了我们对生物体学习与适应机制的理解，更为学习领域的研究开辟了新的视角。该理论揭示了无条件刺激与条件刺激之间如何建立起稳固的关联，进而引发特定的反射行为，这一过程对理解动物乃至人类学习过程中的刺激–反应联结机制具有里程碑式的意义。

(二) 华生的行为主义学习观

华生 (J. B. Watson)，美国心理学家，行为主义创始人。他于 1913 年发表的《一个行为主义者眼中的心理学》标志着行为主义心理学的诞生。他的行为主义又被称为刺激–反应 (S-R) 心理学。

1. 华生的行为主义学习观分析

华生作为行为主义心理学的奠基人之一，其核心观点在于将心理学的研究重心从意识转向行为。他主张摒弃传统心理学中的内省法，转而采用自然科学中广泛应用的实验法与观察法作为研究手段。华生坚信，所有行为均可通过经典条件反射原理得以阐释，即刺激与反应 (S-R) 之间的直接关联。他进一步指出，学习的本质便是建立并强化这种刺激与反应之间的联结，从而形成一种"替代–联结"的学习机制。尤为显著的是，华生坚持环境决定论，认为个体的行为发展完全依赖外界环境与教育的影响，忽略了遗传与内在因素的作用。

2. 学习规律

在对学习现象进行思考的基础上，华生提出了有关学习的频因律和近因律。

(1) 频因律。华生认为，在控制其他变量不变的前提下，某一行为的重复练习次数与其习惯形成的速度及牢固程度成正相关。换言之，行为被练习的次数越多，其形成习惯的过程就越迅速且稳定。这强调了练习在塑造和巩固行为习惯中的关键作用。

(2) 近因律。华生认为，当某一刺激引发多种可能反应时，那些与成功结果紧密相邻且最后发生的反应往往更易于被强化并保留下来。他通过儿童开箱取糖的例子生动地说明了这一点：在尝试打开箱子取糖过程中，尽管存在多个动作步骤，但唯有那个直接导致取糖成功的动作在每次尝试中都被执行且作为序列的终结。因此，根据频因律，这个关键动作因频繁练习而得到加强；同时，依据近因律，作为最接近成功结果的反应，它也被特别强化，而其他非关键动作则因既非每次必练也非最接近成功而被逐渐淘汰。这一过程深刻揭示了行为强化与习惯形成的内在机制。

（三）桑戴克的联结学习理论

桑戴克（E. L. Thorndike），美国著名心理学家。他是第一个用动物实验来研究学习的人，是动物心理学的开创者。1903年，他的《教育心理学》出版，是西方第一本以"教育心理学"命名的专著，他也被称为"教育心理学之父"。

1. 经典实验

自1896年起，桑戴克便投身于动物学习行为的研究中，其标志性的实验成果便是"饿猫迷笼实验"。在此实验中，桑戴克精心构建了一个特制的迷笼，内设复杂的开启机制，外界则以食物（如鱼）作为诱因。实验初期，当一只饥饿的猫咪被置于笼内时，面对笼外的美食，它展现出强烈的逃脱欲望，通过咬、抓、挤、钻等多种方式尝试脱困。在一次偶然的机会下，猫咪触发了踏板，迷笼门开，猫咪成功获得食物。在随后的实验中，猫咪的行为逐渐变得高效且目标导向明确，经过多次尝试与调整，最终形成了直接触动踏板以开启笼门的条件反射。这一过程充分展示了学习行为的发生与发展轨迹。

2. 学习的实质

桑戴克剖析了学习的内在机制，指出其核心在于持续地尝试与修正错误，逐步建立起环境与反应之间的稳定联系。他强调，学习过程并非一蹴而就，而是伴随着无数次的摸索与尝试，是一种渐进的、虽看似盲目实则充满智慧的探索之旅。因此，桑戴克的理论被冠以"尝试错误说"，精准地揭示了学习的本质特征。

3. 学习规律

基于广泛的实验观察与分析，桑戴克总结出影响学习成效的三大关键要素：首先，重复是巩固学习成果的不二法门，通过反复练习加深记忆与理解；其次，效果是衡量学习有效性的重要标尺，正面的反馈与强化能够激发学习者的积极性与主动性；最后，准备状态对于学习的顺利进行至关重要，它要求学习者在心理与知识层面做好充分准备，以便更好地吸收新知、应对挑战。这三大要素相互交织、共同作用，构成了桑戴克学习理论的核心框架。

（四）斯金纳的操作条件反射理论

斯金纳（B. F. Skinner），美国心理学家，新行为主义学习理论的创始人，被称为"彻底的行为主义者"。

1. 经典实验

斯金纳对桑戴克的迷笼实验进行了创新性改造，引入了更为精密的"斯金纳箱"作为研究工具。该箱体设计精巧，采用长方体结构，高约 1 尺，配备单向玻璃观察窗，以减少对动物的干扰；同时，底部金属网可施加电击，以实施负向刺激。箱内设有照明灯、食物台及按压杆，当动物触动按压杆时，即获得食物奖励，此机制有效激发了动物的操作性行为。箱外连接的自动记录设备精准追踪动物按压次数，确保实验数据的客观性。斯金纳箱不仅为操作性条件反射研究提供了高度可控的实验环境，还允许实验者通过调整奖励策略（如食物奖励的频率与条件）来塑造和引导动物的行为模式，如训练白鼠在特定时间间隔或按压次数后获取食物，展现了行为主义学习理论在实践中的灵活应用与深远影响。这一系列改进显著增强了实验的科学性和可操作性，为心理学研究开辟了新的视角与途径。

2. 操作性条件反射

斯金纳将人类行为划分为应答性行为和操作性行为两大类别。应答性行为是由外界特定刺激直接引发的被动反应。操作性行为则源自个体内部驱动，通过操作特定工具并依据行为后果（愉快或不愉快）进行自我调节。与此相对应，他也将条件反射区分为应答性与操作性两种类型。应答性条件反射，即经典条件反射，遵循刺激–反应（S-R）模式，强调外部刺激对行为的直接触发作用。而操作性条件反射则遵循操作–强化（R-S）机制，在无明确外部刺激情境下，个体自发实施操作行为，并因后续强化物的给予而增加了该行为再次发生的概率。基于这一理论框架，斯金纳主张学习的本质即形成刺激与反应间联结的过程，但鉴于人类行为多属操作性范畴，学习过程实质上是操作性条件反射的构建，即个体自发行为因获得正面强化而提升其再现频率的动态过程。这一过程深刻揭示了学习与行为改变之间的内在联系，为理解人类学习机制提供了独特视角。

3. 强化理论

强化理论是斯金纳操作性条件反射理论的核心组成部分，它强调个体行为习惯的形成离不开强化的作用。控制行为的关键在于对强化的管理。强化分为正强化与负强化两种形式。正强化，即积极强化，是通过引入令人愉悦的刺激来增加特定行为发生概率的过程，如教师对学生的正面评价可以激励学生继续努力。负强化，或称消极强化，是通过移除或减弱不愉快的刺激来增强行为，例如免除额外的家庭作业作为对学生良好表现的奖励。强化的依随性指的是强化与特定行为之间的紧密关联，它决定了强化的有效性。普雷马克原理进一步阐释了强化的层级性，即高频行为可作为低频行为的强化手段，这要求教师巧妙运用学生偏好的活动来激励其完成不太吸引人的任务。

4. 惩罚机制

惩罚作为一种行为修正手段，旨在通过引入令人厌恶的刺激来减少或消除不受欢迎的行为。惩罚与强化在效果上截然相反，它导致不期望行为发生频率的降低。惩罚分为呈现性惩罚和移除性惩罚，前者是直接施加不愉快刺激，后者是剥夺某种积极体验。值得注意的是，惩罚与负强化在本质上是不同的：惩罚增加厌恶刺激，而负强化是减少不愉快刺激；惩罚抑制行为，负强化则促进行为。

5. 强化程式

强化程式涉及强化实施的频率和时机安排，对于塑造和维持行为模式至关重要。根据这些要素，强化程式可分为连续强化与间隔强化两大类。连续强化，亦称即时强化，意味着每次目标行为出现后都立即给予奖励，有助于快速建立行为模式。间隔强化，或称延缓强化，是在多次正确行为后选择性地给予奖励，旨在培养行为的持久性和稳定性，这种策略鼓励个体在没有即时奖励的情况下，也能持续表现出期望行为。

6. 操作条件反射在教学中的典型应用

（1）程序教学。它是一种将学科知识系统分解为一系列逻辑连贯的知识项目的教学方法。这些项目由浅入深、相互衔接，学生须按照顺序逐一学习，并在每个项目完成后，立即获得反馈与强化，以确保学习效果。

（2）日常课堂教学中的应用。操作条件作用在日常教学活动中有着显著的应用，其中最为典型的两种方法是代币法和行为契约法。

代币法作为一种行为强化手段，其核心在于通过非直接的、具有象征意义的代币（如小红花、积分、计数板上的标记或筹码等）来替代实质性的奖励。当学生展现出期望的行为或达成学习目标时，教师会给予相应数量的代币作为即时反馈。学生需持续累积这些代币，并在达到一定数量后，根据事先设定的规则兑换成他们真正想要的奖励。这种方法特别适用于低年级学生，因为它不仅提供了即时的正向激励，还通过延迟满足机制培养了学生的耐心和持续努力的习惯。代币法的优势在于，它能有效地增加学生表现积极行为的频率，同时教会学生理解努力与回报之间的因果关系。

行为契约法通过明确的行为约定来规范学生的行为表现。教师与学生共同协商制订一份行为契约，详细列出学生应遵守的具体行为规则以及遵守这些规则后可获得的奖励。契约一旦签订，即具有约束力，师生双方均须严格遵守，不得单方面更改条款。若需调整契约内容，必须经双方同意。这种方法有助于增强学生的责任感和自我管理意识，使他们更加明确自己的行为目标和期望结果。

在实际应用中，代币法和行为契约法常常相辅相成。教师可以利用行为契约法确立行为规范和奖励机制，并在代币系统中引入这些规则和奖励作为兑换条件。同时，在制订行为契约过程中，也可以考虑将代币作为奖励的一部分，鼓励学生通过积累代币来换取更丰富的奖品。这种结合使用的方式能够进一步提升学生的参与度和积极性，促进良好行为习惯的养成。

（五）班杜拉的社会学习理论

班杜拉（A. Bandura），美国当代著名心理学家，新行为主义的主要代表人物之一，社会学习理论的创始人。

1. 社会学习理论的学习观

社会学习理论是班杜拉在批判性审视传统行为主义理论基础上提出的创新视角。班杜拉指出，尽管传统行为主义在解析动物学习行为上颇有建树，但在解释人类复杂学习机制时显得局限，仅能涵盖部分简单行为习得的范畴。他强调，人类学习路径多元，既包含通过直接经验（即行为后果反馈）进行的学习，这是传统行为主义所侧重的；也涵盖通过示范效应实现的间接经验学习，即观察并模仿他人行为及其后果以习得新行为模式的过程。尤为关键的是，班杜拉认为，尽管某些基础行为和知识能够通过直接体验积累，但社会行为的复杂性要求个体更多地依赖观察学习，即替代学习，来内化道德规范、风俗习惯等社会规范与文化知识。这种观察学习机制，使个体能够通过观察他人行为及其后果，高效地吸收并适应社会环境，体现了人类学习的高度社会性和文化适应性。

2. 班杜拉的社会学习理论在教育中的启示

班杜拉的社会学习理论为教育实践提供了深刻的启示，该理论巧妙地融合了强化理论与认知加工视角，既审视了外部环境的塑造力量，也强调了学习者内在认知过程的重要性。其特别强调了观察学习及榜样替代强化的概念，揭示了模仿与示范在知识传递与行为塑造中的关键作用。这启示教育者应充分认识到榜样的影响力，精心选择并树立正面典型，通过他们的行为展示与成就展示，激发学习者内在的学习动机与模仿欲望。同时，教育过程应促进学习者对榜样行为的批判性思考与内化，培养自我反思与调节能力，从而在尊重个体差异的基础上，实现知识与技能的有效传递和深化，促进每名学习者的全面发展。

二、认知学习理论

（一）布鲁纳的认知结构学习理论

布鲁纳是美国杰出的认知心理学家及教育学家，他深刻质疑了将人类学习简单类比于动物行为的行为主义观点，强调实验室中动物学习研究的局限性，无法全面揭示人类复杂的学习机制。布鲁纳探索人类的知觉过程、学习动机及学习本质，进而创立了"认知-发现学习"理论。这一理论引领了美国20世纪七八十年代的教育改革浪潮。布鲁纳也因对人类学习过程的深刻洞察与独到见解而被教育界广泛赞誉，成为继杜威之后，对教育理论和实践产生深远影响的里程碑式人物。

（二）奥苏贝尔的"认知-同化学习"理论

奥苏贝尔，美国当代杰出的教育心理学家及认知学派的代表人物，以其深刻的理论贡献在教育领域独树一帜。他致力于探索学习过程的内在机制，特别是知识如何在学习者已有的认知结构中被同化与整合，进而构建出更为丰富、系统的知识体系。奥苏贝尔的理论不仅丰富了认知学习理论的内涵，更为教育实践提供了宝贵的指导，促进了教育教学方法的革新与优化。

（三）加涅的信息加工学习理论

加涅（R. M. Gagné），美国著名教育心理学家，其学术贡献在于巧妙地融合了行为主义与认知主义学习理论的精髓，并创新性地将现代信息论的理念与方法融入其中，从而构建了信息加工学习理论这一独特框架。这一理论不仅深刻揭示了学习过程中的信息流转与加工机制，还为教育实践提供了科学的指导原则，展现了其在连接理论探索与实际应用之间的桥梁作用。

三、建构主义学习理论

建构主义是行为主义发展到认知主义以后的更进一步发展。建构主义试图超越客观主义知识观与主观主义知识观的二元对立，强调知识学习的内在生成及主动建构过程。

（一）建构主义思想

让·皮亚杰（Jean Piaget）的认知发展理论蕴含了建构主义的核心思想，即学习是一个主动建构意义与经历社会互动的过程。在这一框架下，学习不仅是对新信息的解释与整合，也是对既有知识结构的调整与重构，体现了新、旧经验间的动态交互。建构主义强调，个体通过参与特定的社会文化环境，逐步内化知识、技能及工具的使用方法，这一过程往往依赖于学习共同体内的协作与交流，促进了对知识的深入理解与应用，展现了学习作为一种社会性实践活动的本质。

（二）建构主义教学模式

建构主义理论深刻影响了教育领域的实践，提出了一系列旨在促进学生主动建构知识的教学模式。其中，支架式教学模式尤为显著，它要求教师作为引导者，在学习初期为学生提供必要的认知支持，即"支架"，以帮助学生逐步构建起对复杂概念的理解。随着学生能力的增强，教师逐步减少这些支持，鼓励学生独立探索和解决问题，从而促进其自主学习和批判性思维的发展。抛锚式教学模式强调将学习锚定于真实世界的情境中，通过提出与现实生活紧密相关的"锚点"问题，激发学生的学习兴趣和动机。该模式鼓励学生围绕这些问题进行深入探究，通过合作与讨论，将新知识与实际情境相结合，从而在解决实际问题过程中深化对知识的理解和应用。这种教学模式不仅增强了学习的实用性和情境适应性，还培养了学生的问题解决能力和团队合作精神。

四、人本主义学习理论

20世纪50年代，人本主义心理学是美国心理学领域的一股新兴力量，与行为主义和精神分析并称为西方心理学的"三大支柱"。其核心代表人物马斯洛与罗杰斯，深入探索了人类潜能与自我实现的可能性。罗杰斯是该领域影响最为显著的学者，他将在心理咨询中创立的"来访者中心疗法"理念成功地应用于教育领域，倡导"以学生为中心"的教育理念。这一创新不仅颠覆了传统教育的范式，更成为 20 世纪教育领域的一次重大理论革新，引领了教育理论与实践的新方向。

（一）教学目的

罗杰斯认为，教育的核心目的在于推动个体的全面成长与发展，致力于培养出具备高度适应性与自我发展能力的个体。这一过程超越了单纯的知识传授与技能培养，涵盖了知识、情感与动机等多个维度的均衡发展，旨在塑造具有健康人格和持续学习能力的社会成员。

（二）有意义学习

人本主义学习理论批判了传统教育中机械灌输知识的做法，转而倡导"有意义学习"，即学习内容需与个体的内在需求、兴趣及生活经验紧密相关，能够激发学习者的内在动机与自我探索欲望。实现有意义学习的关键在于：确立学生作为学习主体的地位，确保学习过程以学生为中心；引导学生认识到学习内容对其个人成长与发展的重要性；营造一种充满理解、支持与积极反馈的学习环境；鼓励学生在实践中学习，通过亲身体验深化对知识的理解和提升应用能力。

（三）教师观与学生观

罗杰斯秉持人本主义教育理念，视学生为具有独特潜能与价值的个体，强调在教育过程中应充分尊重学生的个性与情感需求。他主张教师应转变角色，从传统的知识传授者转变为学习促进者，致力于为学生创造一个自由、开放且富有挑战性的学习环境，鼓励学生自主探索、自我决策。同时，他强调师生间应建立一种基于平等与尊重的主体间关系，通过对话、合作与共享，共同促进知识的建构与个体的发展。在这种关系中，教师不仅是学生的指导者，更是学生的伙伴与同行者。

第三章　学习动机与学习策略

❯❯ 第一节　学习动机

一、学习动机的基本理论

（一）自我效能理论

自我效能指的是个体对自己能否成功地完成某一项任务的主观判断。影响自我效能产生的主要因素有如下四种。

1. 成败经验

个人在过往活动中积累的成败经验，对自我效能的形成具有深远影响。成功的经验如同强心剂，能够显著提升个体的自信心，激发探索未知领域的勇气；而失败的经历则可能像阴影般笼罩心头，导致自我怀疑与退缩。因此，教师应积极介入学生遭遇失败后的心理调适过程，通过深入沟通帮助学生理性分析失败原因，引导其正视挫折，认识到失败乃成长必经之路，从而重新点燃追求目标的热情与信心。

2. 替代性经验

替代性经验强调观察学习的重要性。当学生目睹与自己情况相似的人通过努力获得成功时，这种正面示范会激发其内在潜能，提升其完成任务的自信与期待。反之，若观察到较多失败案例，则可能产生消极暗示，降低自我效能感。教师需充分利用榜样效应，分享自身或他人的成功经历，为学生树立可效仿的正面形象，激励学生借鉴有效方法，勇往直前。

3. 言语劝说

言语劝说包括外界的正面鼓励与自我对话，同时对个体心理状态的塑造不容忽视。积极、建设性的反馈如同阳光雨露，滋养着个体的自信心与积极性，促使他们更加坚定地迈向目标。相反，负面的言语评价则可能引发自我怀疑，削弱行动力。教师应根据每名学生的特点，量身定制鼓励与指导策略，用温暖的话语驱散他们心中的阴霾，激发他们的内在动力。

4. 自我的情绪和生理状态

个体的情绪和生理状态直接关联到自我效能感的波动。在紧张、高压的环境下，个体易产生紧张、焦虑等负面情绪，伴随而来的生理反应会进一步削弱自我效能感。反之，保持平和、积极的情绪状态，则能有效提升自我效能感。教师应关注学生的心理健康，营造轻松和谐的学习氛围，教授情绪管理技巧，帮助学生学会在压力面前保持冷静与自信，以最佳状态迎接挑战。

（二）成败归因理论

个体行为的产生往往有两大原因：外部环境与内部因素。当个体将行为归因于外部环境时，倾向于减轻对自身行为及后果的责任感。反之，若归因于内部因素，则更可能自觉承担起行为的责任。在解释行为结果时，个体常从能力、努力程度、工作难度、运气、身心状况及外界环境六个维度进行考量，这些维度又可以进一步划分为稳定性、因素来源及可控性三个层面。稳定性涉及因素随着时间推移的持久性，如能力相对稳定，而情绪与运气则较为多变；因素来源则区分了内在（如个人能力与努力）与外在（如任务难度）原因；可控性则衡量了个体对成败的控制程度，分为可控与不可控两类。为了提升学生的学习动机与积极性，教师应深入分析学生学习成绩，引导学生将学习成果归因于内部、稳定且可控的因素（如个人努力与持续的能力提升），并通过针对性鼓励，保持学生的乐观态度与强烈学习动机。

（三）马斯洛需求层次理论

亚伯拉罕·马斯洛（Abraham Maslow）在《人类激励理论》中，首次阐述了需求层次理论，该理论揭示了人类行为背后的深层动机源于个体内在需求的驱动。马斯洛将人类需求划分为五个层次，由低到高依次为生理需求、安全需求、社交需求、尊重需求及自我实现需求。前两者被视为基础层次，社交需求与尊重需求构成中级层次，而自我实现需求则位于金字塔顶端的高级层次。马斯洛指出，尽管个体普遍具备这些需求，但不同个体在不同生命阶段的需求层次及强度各异。一旦某一层次的需求得到满足，其激励作用将减弱，个体随即追求更高层次的需求。因此，在教育实践中，教师应敏锐洞察学生的需求变化，优先满足其基本需求，进而激发其对学习内容的兴趣与动机。值得注意的是，马斯洛理论虽具洞见，却未充分考量个体天生的好奇心与兴趣在学习动力中的独立作用。

（四）动机强化理论

动机强化理论强调，行为的产生与维持受强化机制的影响。斯金纳将强化分为正强化与负强化，前者通过呈现愉悦刺激增加行为频率，后者则通过移除厌恶刺激达到相同效果。此理论亦称行为修正理论，主张行为后果是决定行为是否重复的关键因素。斯金纳的"操作条件反射"理论进一步指出，个体为达成目标而作用于环境，行为后果的正反馈促进行为重复，负反馈则抑制行为。在教育领域，教师应及时正面强化学生的积极行为，如表扬进步与成就，以增强学习动机。同时，对于不当行为，应适度负强化，但需警惕过度依赖外部奖励可能削弱内在学习动机的风险。

（五）成就动机理论

美国著名心理学家默里（Murray）最早对成就动机展开研究，他提出成就动机是推动个体追求成功与卓越的内部力量。成就动机作为个体性格中稳定的特质，其强度影响个体面对挑战时的态度与努力程度。高成就动机者倾向于更积极地投入学习与工作，展现出更强的自律与抗干扰能力，从而更有可能取得优异成绩。然而，默里的理论虽然揭示了成就动机的重要性，却未全面考虑影响行为的多元因素，忽视了情境、社会支持等其他关键变量对个体行为的综合作用。

二、学习动机的培养与激发

学习动机的培养与激发是教学过程中不可或缺的环节，它们虽然各有侧重，却紧密相连。培养学习动机旨在将外界（社会、学校、家庭）的期望转化为学生的内在需求，实现从"无"到"有"的转化；而激发学习动机则是激活学生已存的学习欲望，使之从潜在状态转变为实际行动，即由"静"转"动"。两者相辅相成，激发以培养为基础，同时激发过程亦是对培养的深化与巩固。在教学实践中，教师应秉持培养与激发并重的原则，因两者往往交织共生，难以截然分割。鉴于学习动机系统的复杂性及个体差异性，教师应依据学生年龄特征与发展阶段，灵活调整策略。年幼学生多受外部动机驱动，随着年龄增长，内部动机逐渐占据主导地位。因此，制订合理学习目标、明确学习意义与价值，对于各年龄段学生均至关重要。此外，教师还应善用多元方法与手段，以丰富多样的教学活动激发学生的学习兴趣与积极性，从而促进对其学习动机的全面培养与有效激发。

（一）内部学习动机的培养与激发

1. 激发与维持求知欲和好奇心

求知欲和好奇心作为内部动机的核心要素，是驱动学生主动探索与学习的基础动力。学生天生具备探索未知、认识世界的内在需求，这种需求促使他们产生好奇与探索行为。研究结果表明，发现式学习相较于指导性学习更能激发学生的内部动机，因其允许学生根据自身能力挑战适当难度的任务，从而满足其好奇心。在教学实践中，创设问题情境是激发求知欲与好奇心的有效手段。通过设计富有挑战性和启发性的问题，营造一种使学生感到困惑、渴望解答的氛围，能够极大地提升学生的学习兴趣与探索欲望。例如，物理教师在讲解压强概念时，提问"如何让沙滩上的砖头陷得更深？"并引导学生通过实际操作与讨论得出结论，不仅激发了学生的好奇心，而且加深了他们对压强概念的理解。

2. 设定合适目标，促进成功体验与自我强化

学生的学习行为受到学习目标与成就目标的定向影响。学习目标定向的学生追求知识掌握与能力提升，而成就目标定向的学生更关注成绩与他人的评价。教师应引导学生树立学习目标定向，鼓励其挑战自我，选择具有挑战性的课程，从而获得更深层次的学习体验与成就感。通过强调学习过程而非单一的成绩评价，帮助学生理解学习的真正价值，减少因过分关注分数而产生的焦虑与挫败感。

3. 增强自我效能，树立学习信心

自我效能是个体对自己能否成功完成某项任务的信念，对学习行为具有重要影响。对于自我效能感较低的学生，教师应采取多种策略提升其自信心。首先，设计难度适中的学习任务，让学生体验成功，逐步积累自信。其次，分享同伴的成功经验，利用替代性强化作用激励学生。最后，通过归因训练帮助学生正确认识自身能力，避免将失败归咎于不可控因素，从而增强自我效能感，激发学习动力。

4. 引导积极归因，促进动机提升

学生对学习结果的归因方式直接影响其后续的学习动机与行为。根据归因理论，教师应引导学生进行积极、现实的归因，将成功归因于努力等可控因素，将失败视为改进的机会而非能力的否定。积极归因训练，如"努力归因"与"现实归因"，旨在帮助学生建立正确的归因模式，提高学习积极性和自信心。通过强调努力的重要性，同时考虑其他现实因素，如学习方法、家庭环境等，为学生提供全面的自我提升路径。

5. 学习动机迁移，拓展学习领域

学习动机不仅局限于特定领域，而且具有迁移性。教师应善于利用学生已有的学习动机，通过巧妙引导，将其迁移至新的学习情境中。这要求教师具备高度的创造性和灵活性，根据学生的学习兴趣和需求，设计跨领域的学习活动，促进学生全面发展。

6. 及时反馈，优化学习体验

及时反馈是学习过程中的重要环节，它为学生提供关于学习成效的直接信息，激励其持续改进。反馈应清晰、具体且及时，以便学生准确了解自己的学习状况，明确改进方向。对于年轻学生而言，具体化的反馈尤为重要，它能帮助学生理解成功的原因与改进的空间。同时，定期且频繁的反馈有助于维持学生的学习动力，确保他们始终保持在积极的学习状态中。

（二）外部学习动机的培养与激发

1. 合理运用外部奖赏机制

外部奖赏是物质激励的一种形式，在激发和维持学生学习动机过程中，扮演着重要角色。依据奥苏贝尔的学习动机理论，单纯依赖认知内驱力难以全面激发和保持学生的学习热情。心理学研究结果表明，当学生展现出良好的学习行为或取得显著学业成绩时，适度的物质奖励能有效促进其学习动力。然而，需要注意的是，外部奖赏的运用需合理适度，以避免产生适得其反的消极效果。

2. 精准实施表扬与批评策略

表扬是一种正向激励手段，能够显著强化学生的积极行为，提升其自信心与学习动力。相较于批评与惩罚，表扬往往能带来更持久的激励效果，尤其是对于年幼或学业表现不佳的学生而言，这种正面反馈的作用更为显著。有效的表扬应具备可靠性、具体性和结果依随性，以确保其能够真正触动学生的内

心，激发其持续进步。教师在实施表扬与批评时，应充分考虑学生的个体差异，采取公正、合理且有针对性的方式，确保奖惩有度，以理服人，进而提升教学效果。

3. 营造积极健康的竞赛氛围

竞赛是一种激发斗志、促进学业进步的有效手段，在国内外教育中均得到了广泛应用与验证。适度的竞赛活动能够显著提升学生的学习兴趣与积极性，但需要注意避免过度使用或组织不当导致的负面影响。为充分发挥竞赛的积极作用，教师应关注以下几点：一是丰富竞赛内容，涵盖学科学习、艺术、体育等多个领域，促进学生全面发展；二是创新竞赛形式，结合个人赛与团体赛，鼓励学生自我挑战与团队合作；三是强化竞赛教育意义，倡导公平竞争精神，注重过程而非单纯结果，确保竞赛活动在健康、积极的氛围中进行。

》》 第二节　学习策略

一、学习策略概述

（一）学习策略的定义

学习策略是学习者为提升学习效率与成果，而精心策划的一套关于学习过程的系统性方案，其特性鲜明且相互关联。首先，学习策略体现了学习者的主动性，它是为实现既定学习目标而自觉采纳的方法论，这一过程伴随着学习者的明确意识和积极态度。其次，学习策略的有效性是其核心要义，旨在通过科学的方法促进知识的吸收与技能的提升。再次，学习策略紧密围绕学习过程展开，它不仅指导学习行为的具体实施，还对学习策略的选择与应用提出了必要性要求，确保每一步都服务于整体学习目标的实现。最后，学习策略作为学习者自主制订的规划，融合了规则与技能的精妙组合，既体现了对学习过程的理性规划，也蕴含了实际操作的灵活技巧。

（二）学习策略的分类

1. 认知策略分析

认知策略涉及人脑对信息的深度处理流程，包括信息的编码、转换与储存。这些策略是学习者在记忆、学习等认知活动中自然采用的手段，旨在优化信息处理过程。它们可划分为两大板块：一是理解与保持知识的策略，这些策略帮助学习者深入剖析新知识，并将其转化为长期记忆中的稳固结构；二是思维与解决问题的策略，这些策略支持学习者在面对复杂情境时，能够灵活调动已有知识，创造性地解决问题。作为学习策略的关键构成部分，认知策略对于提升学习成效、促进认知发展具有不可替代的作用。

2. 元认知策略

元认知是个体对自身认知活动的深刻反思与灵活调控，是认知之上的高级认知功能。它由两大核心成分构成：一是对认知过程的自我认知与观念，涉及对自身学习能力、任务性质及有效学习策略的认知；二是对认知行为的主动调控，体现为通过持续的自我监视与调整机制，确保认知活动按照计划有序进行，必要时，对策略进行修正，以适应变化。元认知策略作为学习者自我管理的关键工具，与认知策略相辅相成，共同作用于学习过程。认知策略为学习者提供具体方法与技巧，而元认知策略则扮演监督者与调节者的角色，指导认知策略的选择与应用，确保学习活动的效率与效果。两者紧密协作，使学习者在面对复杂学习任务时，既拥有解决问题的"工具箱"，又具备灵活应对变化的"指南针"。

3. 资源管理策略

资源管理策略有以下几种。

（1）时间管理策略。在时间管理方面，有效的策略包括：首先，需对整体学习时间进行合理规划与统筹安排，确保各项活动有序进行；其次，识别并高效利用个人的最佳时间段，集中精力于重要任务，提升效率；最后，灵活捕捉并利用零碎时间，进行知识的回顾或简短的学习活动，积少成多。

（2）学习环境管理策略。优化学习环境同样关键，这涉及对自然条件的精心调控，如确保空气流通、光线充足、温度适宜以及色彩搭配和谐，以营造舒适的视觉与感官体验。同时，合理规划学习空间，包括划定适宜的学习区域、精心布置室内环境及合理摆放学习用具，创造一个既整洁又能激发学习动力的个性化空间，有助于学生保持良好的学习心态与效率。

（3）努力管理策略。为了持续保持高效的学习状态，学生需要实施努力管理策略。该策略包括内在动机的激发，树立积极向上的学习信念，主动选择具有挑战性的学习任务以促进自我成长。同时，通过正确归因，认识到努力与成功之间的直接联系，增强自我效能感。此外，采用自我奖励机制，每当达成学习小目标时，给予自己正面反馈，以此维持并提升学习动力。

（4）学业求助策略。该策略强调在面对学习难题时，勇于向他人寻求帮助的重要性。这种求助行为非但不是能力不足的体现，反而是积极主动获取新知、提升自我能力的有效途径。学生应认识到，通过向老师、同学或利用网络资源求助，能够迅速解决疑惑，加速知识掌握，是一种高效且必要的学习策略。

二、学习策略教学

学习策略之于学生，构成了其学习旅程中的核心导航机制，不仅深刻影响着学习效率，更在塑造学习行为与态度上发挥着关键作用。它不仅助力学生优化认知过程，提升学习能力，还是潜能开发的强大引擎，推动学生不断超越自我界限。在本质上，学习策略作为一种知识体系，其重要性在学校教育中无可替代，它不仅为学生提供了高效学习的路径，更为教育目标的实现铺设了坚实基础，引领着教育实践与理论探索的不断深化与革新。在进行学习策略的教学时，教师可采取以下措施。

（一）学习策略识别与结构化分析

教师应具备敏锐的洞察力，能够识别出具有广泛适用性和实用性的学习策略，并深入剖析其内在结构。主要包括明确策略中的各个动作或心理成分，以及它们之间的逻辑联系与执行顺序，确保每一步策略都具体、明确且易于操作。通过这样的分析，教师能够更有效地指导学生形成良好的学习与认知习惯，纠正不良行为，进而培养其高效的学习策略体系。

（二）教学方法的灵活性与多样性

教学策略的设计应基于学生对学习策略的内在需求。教师应首先激发学生对学习策略的认知需求；然后设计具体、有效且可操作的学习策略，并将其融入日常教学中。这些策略须经过实践检验，并根据反馈进行适时调整。在训练过程中，教师应灵活运用多种教学方法，如发现学习法、观察模仿法等，以适应不同情境下的教学需求，确保学生能在多种情境下得到充分的练习与反馈。

（三）与学科知识深度融合的教学策略

学习策略的教学不应孤立存在，而应紧密结合具体的学科内容。实践表明，脱离学科内容的学习策略教学效果有限。因此，教师应根据学科特点，设计有针对性的学习策略训练方案。例如，在语文学科中融入阅读与写作策略，在数学学科中传授逻辑推理策略等。这种融合式教学不仅能增强学习策略的实用性，还能有效提升学生的学习效果。

（四）强化元认知策略培养，提升自主学习能力

元认知策略的培养对于提升学生自主学习能力至关重要。教师应不仅传授具体的学习策略，更要引导学生理解策略的应用场景、条件及效果，培养其自我监控与调节的能力。布朗提出的三种训练方式为教师提供了有益借鉴：盲目训练法虽然能教会学生使用策略，但缺乏深度理解；感受训练法则强调理解策略背后的原因与时机；感受自控训练法则在感受训练法的基础上，增加了实践机会与自我反思环节，有助于元认知策略的迁移与深化。因此，教师应引导学生掌握反思方法，形成个性化的学习策略体系。

（五）确保充足的教学时间与实践机会

学习策略的培养是一个长期且持续的过程，需要足够的时间与实践来巩固和提升。教师需保持耐心与恒心，为学生提供充分的训练时间与多样化的实践机会。通过反复练习与及时反馈，帮助学生将外在指导的策略内化为自身能力，实现学习效果的显著提升。

（六）重视训练效果的评价与反馈

有效的训练评价是学习策略内化的关键。教师应引导学生对训练成果进行自我评价，体验策略带来的实际效益。通过策略用途组、策略情感组与控制组的对比研究可以发现，对策略有效性的自我评价能够显著促进学生长期运用所学策略。因此，在教学过程中，教师应注重引导学生对训练成果进行客观评价，增强学生的成就感与自信心，从而在未来的学习中，更加自觉地运用学习策略。

第四章 知识与智力技能学习

>> 第一节 知识学习

一、知识概述

（一）知识的本质与维度

在哲学认识论框架下，知识被视为客观世界在主观意识中的映射，是人们对事物特性及其相互关系的认知成果。知识形态多样，既可以是基于感官体验的感性认知（如直观印象与表象），也可深化为对事物本质与规律的理性把握。

在心理学视角下，知识的界定呈现出更广泛的内涵。在狭义上，知识局限于语言文字或符号系统中的信息载体，如学科中的基本概念、原理与公式。而广义的知识概念则涵盖了个体与环境互动中汲取的全部信息及其结构化形式，这既包含了通过直接经验或间接学习获得的事实性知识，也融入了实践过程中形成的技能与能力。知识的存储形态亦具多样性，既可以是外在媒体承载的公共知识，也可以是个体头脑内构建的概念体系与心理表征。

（二）知识的多维度分类

知识的分类方法多样，依据反映深度分为感性知识与理性知识，前者触及事物表象，后者触及事物本质；依据抽象程度分为具体知识与抽象知识，前者直观可感，后者需通过思维抽象理解。此外，依据获取途径分为直接知识与间接知识，前者源自亲身体验，后者通过间接途径（如图书、媒体）习得。

在教育心理学领域，知识的分类进一步精细化，以反映学习过程的复杂性。奥苏贝尔基于学习难度将知识层次化为表征、概念、命题、规则至高级规则；加涅从学习结果出发，将知识划分为智慧技能、认知策略、言语信息、动作技能及态度五大类。这些分类深刻揭示了知识学习过程中的心理机制与特征。

随着认知心理学的发展，知识观发生了根本性转变，不再局限于静态的知识积累，而是强调知识与实践能力的紧密结合。在新知识观下，掌握知识即意味着能力的发展，因此，促进学生能力成长的关键在于有效促进其全面、深入地掌握各类知识。

二、陈述性知识学习

（一）陈述性知识学习的概念

现代认知心理学将知识体系明确划分为陈述性知识与程序性知识两大范畴。陈述性知识，亦称言语信息知识，涵盖了事实、规则、事件及个人态度等内容，主要回答"是什么"与"为什么"的问题，其内涵贴近人们日常所理解的知识概念，是狭义知识的一种体现。相对而言，程序性知识在于"如何做"，是指导行为步骤的自动化知识，涵盖智慧技能与动作技能两种形式，体现了在信息处理过程中的具体操作能力。两者紧密相连，陈述性知识为程序性知识的学习奠定基础，促进知识向技能的转化；反之，程序性知识的获得也巩固并丰富了陈述性知识的应用情境。陈述性知识的获取是一个有意识、主动激活的过程，而程序性知识则展现出无意性、自动化及高效执行的特点。在认知心理学家看来，陈述性知识不仅是能力构建的关键要素，对于拓宽学生知识视野、培育多样化技能、促进智能发展亦具有不可估量的价值。学校教育正是通过系统化地传授这些陈述性知识，为学生适应现代社会、实现全面发展奠定坚实的基础；同时，它也是技能形成与智力提升不可或缺的先决条件。

（二）陈述性知识的表征

1. 命题表征

命题表征作为陈述性知识的基本表现形式，其核心在于将知识分解为一系列独立的事实或命题。每个命题精确界定了一个或多个概念及其相互关系，如"所有的猫都是哺乳动物"这一命题，清晰地阐述了"猫"与"哺乳动物"之间的类别归属关系。此表征方式的优势在于其逻辑清晰，便于直接应用于逻辑推理与问题解决。然而，当面对复杂、多层次或模糊的概念关系时，单一命题可能显得力不从心。

2. 命题网络表征

命题网络表征是对命题表征的深化与拓展，它构建了一个以概念为节点、以关系为连线的网络结构。这种网络不仅保留了命题表征的精确性，还通过节点间的互联实现了知识的动态整合与灵活调用，能够处理更为复杂的知识体系与结构变化。命题网络的灵活性促进了知识的扩展与重组，使个体在面对新信息时，能快速整合现有知识；但相应地，随着网络规模的扩大，认知资源的消耗也随之增加。

3. 图式表征

图式表征代表了知识表征的高级形态，它将知识抽象为具有普遍适用性的模式或框架，这些框架内嵌有描述对象、事件或情境的典型特征的槽位与填充规则。图式表征的优势在于其强大的概括力与迁移能力，能够帮助个体迅速识别新情境下的关键要素，实现知识的快速应用与创新。然而，有效运用图式表征要求个体具备一定的先验知识与经验基础，以便准确构建与激活相关图式。

综上所述，命题表征、命题网络表征与图式表征都展现了不同的知识组织方式与应用优势，它们共同构成了人类复杂认知活动的基础。深入理解这些表征机制，对于优化教学设计、提升学习效率具有深远意义。

（三）陈述性知识学习的类型

1. 符号表征学习

符号表征学习，亦称为词汇学习，其核心在于掌握符号（如单词）与其所代表事物或概念之间的对应关系。这种关系并非随意设定，而是基于社会共识与文化背景，具有普遍性和约定俗成的特性。在符号表征学习过程中，学习者需要将新习得的词汇与已有的认知结构建立实质性的、非人为的联系，从而深化对词汇意义的理解与应用。

2. 概念学习

概念学习旨在把握某一类事物的本质特征，并通过一个特定的名词来概括这些特征。这一过程可以通过两种主要途径实现：概念形成与概念同化。概念形成强调学习者通过直接观察大量同类事物的实例，从中归纳出共同的关键特征，从而自发地构建概念框架。而概念同化则侧重于将学习者已有的认知结构中的相关概念作为基础，通过引入新概念的解释，学习者能够理解并接纳新概念，实现新旧知识的有机融合。

3. 命题学习

命题学习是知识学习的高级阶段，它不仅涵盖了符号表征学习的要素，更侧重于探索多个概念之间的内在联系与逻辑关系。由于命题通常由代表概念的符号（如单词）组成，因此，命题学习的核心在于理解并构建这些概念之间的复杂关系网络。命题学习的复杂程度往往高于单纯的概念学习，它要求学习者在掌握相关概念的基础上，进一步探究这些概念如何相互作用、相互影响，从而形成对某一领域知识的系统性理解。因此，命题学习必须以坚实的概念学习为基础，才能有效推进。

三、程序性知识学习

（一）程序性知识概述

1. 程序性知识的概念

程序性知识是一种"知道如何"的实践智慧，涵盖了从基础动作技能到复杂认知操作的广泛领域，如骑自行车、演奏乐器、解答数学难题乃至进行公开演讲等。其独特之处在于隐性本质，即便个体难以精确表述执行步骤，也能在实践中游刃有余。程序性知识通过持续练习与重复操作得以巩固与自动化，这一过程不仅提升了技能熟练度，还使得执行过程更为流畅高效。此外，程序性知识展现出强烈的情境适应性，特定环境下的线索能有效触发相关知识的回忆与应用，体现了知识与实践情境的紧密联系。

2. 程序性知识与陈述性知识的区别和联系

程序性知识与陈述性知识是两种不同类型的知识，它们在认知过程中扮演着不同的角色。

（1）性质与应用差异。

① 性质差异。陈述性知识在于事实、概念及原理等可明确阐述的信息，如历史事件的具体细节或科学定理的精确表述，它倾向于"是什么"的知识范畴。相比之下，程序性知识则侧重于操作与执行的过程，这些过程往往是内隐的、难以言喻的，如骑自行车的技巧或数学问题的解题策略，它更多地回答"如何做"的问题。

② 应用差异。陈述性知识的主要功能在于解释现象、增进理解，为个体

提供认知世界的框架。而程序性知识则直接服务于行动导向，指导个体高效完成任务、解决实际问题，体现了知识的实践价值。

③ 存储与提取方式。陈述性知识主要存储于语义记忆中，易于通过语言进行回忆和表达，允许个体有意识地检索和阐述相关知识。程序性知识则深藏于程序记忆中，其提取与应用多依赖于特定的实践情境，通过反复练习形成自动化反应，往往难以直接通过言语报告其运作机制。

（2）内在联系。

① 互补性。在认知体系内，陈述性知识与程序性知识构成了一个相辅相成的整体。前者为后者提供了必要的理论支撑和背景信息，使后者在执行过程中有据可依；而后者则将前者转化为实际行动，实现了知识的应用价值。

② 相互转化。学习过程是两者动态交互、相互转化的过程。通过深入理解和内化陈述性知识，个体能够发展出相应的技能与策略，实现知识向能力的转化；反之，在习得技能过程中，个体对程序性知识的反复实践又加深了对相关陈述性知识的理解与记忆，促进了知识的整合与升华。

③ 共同发展。随着个体认知结构的不断完善和经验的持续积累，陈述性知识与程序性知识呈现出同步增长的趋势。两者在个体发展进程中相互促进、共同进步，共同构成了个体认知能力的基础。

（二）程序性知识的获得过程

程序性知识的获得过程是从陈述性知识转化为自动化技能的过程。

1. 陈述性知识阶段

在获取程序性知识初期（即陈述性知识阶段），学习者面对新技能或任务时，往往缺乏直接的操作经验。此阶段，学习者高度依赖陈述性知识（即关于任务性质、要求及目标的事实性、概念性信息）来构建对任务的基本理解和初步规则框架。以学习骑自行车为例，初学者需首先掌握自行车的构造原理、平衡技巧等理论知识，这些均为陈述性知识范畴。在此阶段，技能执行过程往往是有意识的，学习者需集中大量的注意力于操作步骤上，因此可能会遇到犹豫、错误或执行不流畅的情况，这是由于陈述性知识尚未完全转化为实际操作能力所致。

2. 联合阶段

随着练习的持续深入，学习者步入程序性知识获取的联合阶段。此阶段标志着陈述性知识与实际操作开始深度融合。通过反复练习，学习者逐步将原先分散、独立的操作步骤整合为连贯、协调的技能体系或问题解决策略。在联合阶段，技能执行效率显著提升，流畅度增加，但仍需一定程度的意识控制以维持表现。学习者在此阶段会积极进行自我监控与调整，旨在优化执行过程，减少错误，提升效率。例如，在解答数学问题过程中，学生开始意识到检查关键步骤的重要性，并据此调整解题策略。

3. 自动化阶段

自动化阶段是程序性知识获取的终极形态。在这一阶段，学习者所掌握的技能或策略已达到高度熟练乃至自动化的水平，执行任务时，几乎无需有意识的思考介入。技能执行变得迅速、自然，且能在不同情境中灵活迁移应用。自动化并不意味着学习者对任务的忽视，而是其注意力已从直接的操作控制中解放出来，转而在于更高层次的认知活动，如策略规划、问题解决或创新思维。以驾驶为例，经验丰富的司机在驾驶过程中能够实现高度自动化操作，从而在专注于驾驶的同时，还能有效处理其他认知任务（如路线规划或交流对话）。

（三）程序性知识的划分

1. 执行过程视角下的程序性知识分类

程序性知识依据其执行过程的特性，可细分为显性程序性知识与隐性程序性知识两大类别。显性程序性知识以明确的步骤与规则为标志，如数学运算规则或计算机编程语法，易于通过语言传授，并需通过早期阶段的明确指导与密集练习加以巩固。相反，隐性程序性知识则深藏于个体经验之中，难以言喻，如驾驶技能或舞蹈动作，这类知识往往通过长期实践、模仿与自我调整而内化为个体的直觉能力。

此外，程序性知识还可以按照应用领域的广度分为特定领域与通用领域两类。特定领域程序性知识在于特定任务或情境，如医生的手术技巧或音乐家的演奏技艺，要求长期实践与专业训练。而通用程序性知识则跨越多个领域，如问题解决策略或决策过程，具备高度的迁移性，助力个体灵活地应对新情境。

2. 认知负荷理论下的程序性知识分类

从认知负荷理论出发，程序性知识依据执行过程中的认知需求，可以划分为低认知负荷与高认知负荷两类。低认知负荷程序性知识涉及结构简单、任务明确的活动，如基础算术运算，对工作记忆需求较低。而高认知负荷程序性知识则涵盖复杂、结构模糊的任务，如高级数学问题或科学研究，要求大量的认知资源与深度处理，进行教学设计时，需通过任务分解、适度指导与反馈机制来优化学习体验。

3. 应用导向的程序性知识分类

程序性知识在应用层面可进一步区分为操作性程序性知识与策略性程序性知识。操作性程序性知识直接指导技能操作，如体育动作或艺术表现，强调身体记忆与动作协调，需通过反复实践达到自动化水平。策略性程序性知识则侧重于学习与问题解决策略，如阅读技巧或时间管理，涉及元认知调控与策略选择，对于提升信息处理能力至关重要。此外，策略性程序性知识还涵盖应对不确定性与复杂性的能力，如决策与风险评估，强调灵活适应与创新思维。在教育实践中，教师应根据程序性知识的不同应用特性，设计综合性教学策略，促进学生全面发展。

（四）促进程序性知识学习的条件

由于程序性知识学习的第一阶段是对陈述性知识的学习，因此，促进陈述性知识学习的一般条件也适用于程序性知识的学习。

1. 设定明确且个性化的学习目标与指导

确立具体、可衡量且符合学习者当前能力水平的学习目标是程序性知识学习的基础。这些目标不仅应清晰界定需要掌握的技能与策略，还应阐明其实际应用价值，以增强学习动机。教师应根据每名学习者的具体情况，提供定制化的学习路径和详细指导，确保学习者明确学习方向，理解学习过程的意义所在。

2. 渐进式与层次化的教学设计

遵循认知发展规律，教学设计应采用分阶段、层次化的方法。初期注重基础技能与概念的稳固建立，随后逐步提升任务复杂度与策略深度。通过这种循序渐进的方式，帮助学习者逐步构建起坚实的知识与技能框架，有效管理认知负荷，促进长期记忆的形成。

3. 强化目标导向的反复练习

设计有针对性的练习任务，确保每次练习都围绕明确的目标展开；同时，辅以即时、具体的反馈机制，以便学习者及时调整学习策略，优化技能表现。模拟真实应用场景的练习环境，能够显著地提升学习者的实践能力和适应力。

4. 构建促进自我调节的学习生态系统

营造一个鼓励自我调节的学习环境，意味着要提供充足的学习资源、工具与策略指导，同时激发学习者的自主意识与责任感。通过设定具有挑战性的学习任务、赋予学习者选择学习路径的权利，以及鼓励设定个人成长目标等措施，可以极大地提升学习者的参与度和成就感。

5. **尊重并适应学习者的多样性**

认识到每名学习者都是独一无二的个体，教学应充分考虑其先验知识、学习偏好、认知能力等方面的差异。实施个性化教学策略，如为初学者提供额外辅导，为高水平学习者创造深入探索的机会，确保每名学习者都能在适合自己的节奏下进步。

6. **强化社会互动与合作学习体验**

利用社会互动与合作学习的力量，促进知识共享与策略创新。通过小组讨论、同伴互助、团队项目等形式，学习者可以在交流中拓宽视野，从他人经验中汲取灵感，同时提升沟通协作能力。这种积极的学习环境有助于深化知识理解，加速知识内化与迁移。

第二节 动作与智力技能学习

一、动作技能学习

（一）技能的概念

技能是运用知识并经由反复练习而习得的活动模式，其形成根植于对知识的掌握与持续的实践之中。初级阶段的技能往往是对新学活动方式的初步掌握，如学生初识笔墨书写，仅代表其具备了基础技能水平。而高级技能则需深厚的知识底蕴与长期不懈的锤炼，如书法家挥洒自如，尽显技艺之精湛。技能的形成标志着个体从概念性知识向程序性知识的深刻转化，前者为技能学习提供理论支撑，后者则以自动化的动作序列形式固化于脑海，难以言表却高效运作。技能的习得不仅是对知识的应用实践，更是促进知识深化理解的催化剂。基础技能的掌握构成了个体生存与发展的基础，而能力的发展亦离不开相关技能的积淀。因此，在人才培养过程中，既要注重知识的传授，也不可忽视技能的培养，两者相辅相成，共同塑造全面发展的人才。

（二）动作技能概述

1. 动作技能

动作技能是个体通过持续练习而精进的特定动作模式，涵盖了从简单到复杂的一系列行为能力。如写字与游泳，便是技能层次各异的典型代表，它们均非人与生俱来的，而是后天不懈练习的成果。如写字这一技能由执笔、运笔等多个精细动作构成，每一步都需精准控制；游蛙泳则涉及手臂划水、腿部蹬夹水及适时抬头呼吸等连贯动作，要求身体各部位协调配合。这些技能的形成，不仅是肌肉记忆的建立，更是心智与身体的深度融合，体现了人类通过后天努力不断突破自我极限的能力。

2. 动作技能的种类

运动技能依据不同的分类标准，可以分为连续技能与非连续技能、封闭技能与开放技能、精细技能与粗大技能等。

（1）连续技能与非连续技能。连续技能是指一系列动作以流畅、不间断的方式完成的技能，其动作之间没有明显的可感知起点与终止点，如说话、唱歌、打字等。这类技能的动作持续时间相对较长，形成了一种连贯的活动流程。与之相对，非连续技能则表现为动作具有清晰可辨的起始与结束，如投掷标枪、推门、移动棋子等，这类技能的动作执行迅速，且往往由一系列突然爆发的动作组成，如射击的完成时间可能短至 200 毫秒以内。

（2）封闭技能与开放技能。封闭技能主要依赖于个体内部的反馈信息，特别是来自本体感受器的输入，来调节动作的执行，这类技能的动作模式相对固定，如体操、游泳、掷铁饼等。掌握封闭技能的关键在于通过反复练习，使动作逐渐逼近理想的模式。而开放技能则更多地依赖于外部环境的信息输入，要求个体准确感知并应对周围环境的变化，如打篮球、打排球等运动。开放技能不仅考验个体的身体素质，更强调其对外界信息变化的快速处理能力和对事件发展的预见性。

（3）精细技能与粗大技能。精细技能涉及在有限空间内进行的高精度、高协调性的小肌肉运动，如打字、弹钢琴、雕刻等，这些技能要求个体具备细腻的操作能力和高度的专注力。相比之下，粗大技能则侧重于运用大肌肉群进行活动，往往需要全身多个部位的协同参与，如跑步、游泳、打网球等。粗大技能不仅强调力量与速度，还要求个体具备良好的身体协调性和耐力。

（三）动作技能形成的阶段和特征

动作技能是由个别动作构成的系统，它是在学习中形成和发展起来的，动作技能在形成的各个阶段中表现出不同的特征。

1. 动作技能形成的主要阶段

动作技能的形成一般要经历以下三个阶段。

（1）认知准备阶段。此阶段的核心目标是构建对新技能的初步认知框架，明确技能的构成元素及其执行逻辑。学生需借助观察、聆听教师讲解及自我思考等多种途径，逐步内化技能知识，形成关于技能操作的心智蓝图。教师在此阶段扮演着关键角色，需详尽阐述技能要点，通过直观示范与详尽解说，辅助学生建立准确的心理模型，鼓励开放性交流与讨论，以加深理解。

（2）技能练习阶段。学生在此阶段将认知阶段所获知识付诸实践，通过反复练习巩固技能。初期，动作可能显得生硬且不协调，要求学生保持高度专注，持续投入努力。教师的即时反馈成为此阶段不可缺少的支持，通过指出错误、提供调整建议，帮助学生逐步优化动作细节。随着练习的深入，学生需将注意力放于动作的连贯性与准确性上，通过系统性、目标明确的练习计划，促进技能从生疏到熟练，直至动作流程趋于自然流畅。

（3）自动化与创新阶段。在此阶段，学生能自如地应对复杂动作序列，无须额外意识控制即可高效执行，展现出技能的稳定性与适应性。技能执行成为直觉反应，能在多变环境中灵活调整。学生不仅具备自我监控与调整的能力，还能根据过往经验与即时反馈进行技能创新与优化，推动技能水平持续提升。教师此时的角色转变为高级顾问与激励者，鼓励学生探索技能更深层次的应用场景，激发潜能，追求卓越。

2. 动作技能形成的特点

在形成动作技能过程中，技能的特点发生了一些变化，具体表现为以下几个方面。

（1）意识控制减弱，动作自动化增强。在形成动作技能初期阶段，学习者需要高度集中的意识来控制每一个动作的执行，细致分析并调整动作的每一个细节。然而，随着练习的持续和技能的精进，意识对动作的直接控制作用逐渐减弱。动作逐渐变得流畅自然，进入自动化状态，使得学习者能够在执行动作的同时，将注意力分配给其他任务。这种自动化转变不仅提升了动作的执行效率，而且增强了学习者处理复杂任务及适应多变环境的能力。

（2）反馈机制由外转内。在技能学习的初级阶段，学习者主要依赖外部反馈，如教练的指导、外部观察结果或同伴评价，以调整和优化动作表现。外部反馈为学习者提供了明确的动作执行标准，帮助其及时纠正错误。然而，随着技能水平的提升，学习者开始更多地依赖内部反馈机制，如肌肉感觉、平衡感知及动作节奏感等，这些内部信息使学习者能够更精准地感知和调整自身动作，实现更细微的操作控制。

（3）稳定性与灵活性并存。技能初学者往往表现出动作的不稳定性，这体现在动作准确性及动作间转换的流畅度上。然而，随着技能的深化，动作模式逐渐固化，形成具有个体特色的技能风格，体现了技能的相对稳定性。但稳定性并不等同于僵化，熟练的技能者能在保持技能核心要素不变的基础上，灵活地应对各种变化情境，根据实际需求调整动作策略，展现出高度的灵活性。这种灵活性是长期学习与练习的成果，使技能在多样环境中都能得到有效发挥。

（4）技能稳定性与适应性同步提升。动作技能的成熟体现在其稳定性和适应性的双重增强上。稳定性要求技能在不同条件下均能维持一致的高水平表现，即便面临外界干扰或心理压力时，也能从容应对。而适应性则强调学习者能根据具体环境和任务需求灵活调整技能执行方式，实现最优表现。随着技能的不断精进，学习者能够在保持技能稳定性的同时，灵活应对各种挑战，展现出卓越的技能水平和适应能力，也能灵活地适应各种新的挑战和变化。

（四）练习及其在技能形成中的作用

1. 练习对技能熟练度的提升作用

通过不断地重复与实践，学习者的神经系统逐渐熟悉并优化动作模式，使技能表现从缓慢笨拙转变为迅速准确。如打字这样的基础技能，初学者往往需要逐个字母寻找键盘位置，但随着练习的深入，他们能够凭借肌肉记忆快速流畅地打字，这正是神经系统适应与优化的结果。同时，练习也是发现与纠正错误的有效途径，通过不断的试错与调整，学习者能够更深刻地理解技能的本质，从而在细节上追求完美，这对于任何需要高度精确性的技能领域都至关重要。

2. 练习在建立和巩固动作模式中的作用

通过重复练习，学习者能够逐步将原本分散、孤立的动作片断串联成一个连贯、有序的动作序列。这一过程不仅要求动作的准确性，更强调动作之间的衔接与配合，以形成一种稳定且高效的运动模式。这种模式的建立离不开神经系统的积极参与和调整。大脑通过增强或减弱神经元之间的连接，以适应新的技能要求，从而实现神经可塑性。随着练习的深入，这些经过优化的神经连接将逐渐稳固，使得学习者在执行相关任务时，能够更加自如、流畅。以篮球运动为例，球员通过不断的练习，将投篮、运球、防守等基本技能融为一体，形成了一套协调一致的比赛策略。在比赛中，他们能够根据场上形势迅速作出判断，并自动执行相应的动作，这正是动作模式稳固带来的巨大优势。

3. 练习对提高技能适应性和灵活性的作用

在多样化的环境和条件下进行练习，学习者能够学会灵活调整技能的应用策略，以应对各种未知与变化。这种适应性是技能深化与完善的重要标志，它赋予学习者在复杂多变情境中依然能够保持高效行动的能力。以驾驶技能为例，经验丰富的司机不仅能在熟悉的道路上游刃有余，更能在复杂交通、恶劣天气等挑战面前从容不迫。正是这些多样化的练习经历，让他们能够迅速适应新环境，灵活应对突发状况，从而展现出高超的驾驶技艺与强大的适应性。

（五）技能的相互作用

人们在一种情境中所获得的知识，可以影响到随后学习的另一种知识，这叫作知识的迁移。例如，学习了数学知识，可能有助于学习物理知识。在技能形成中，也会出现类似的情况，即各种技能之间可以相互作用，已经掌握的技能可能对掌握新的技能起促进作用，也可能妨碍学习新的技能。这种现象叫作技能的迁移。

1. 正迁移

（1）技能相似性驱动的正迁移效应。当两种技能在动作执行、认知需求或结构模式上存在共通之处时，已掌握的技能能作为学习新技能的桥梁，显著促进学习过程。以打字与弹钢琴为例，两者虽然所处领域不同，但对手指灵活性与键盘协调性的要求相似，使得打字技能成为学习钢琴时手指快速适应与协调的助力，降低了新技能的认知门槛，加速了技能掌握进程。

（2）元认知技能的广泛正迁移。元认知技能作为学习策略的核心，其涵盖的计划、监控与调整等能力，在学习新技能时，展现出强大的迁移力。这些高级认知技能使学习者能够自我评估学习进展，灵活调整学习策略，从而在面对新任务时，保持高效与适应。例如，具备良好自我监控能力的学习者，在新技能的学习中能迅速识别难点，精准施策，实现学习效率的飞跃提高。

（3）概括化与灵活性促进的正迁移。通过深入练习与实践，学习者能将具体技能中的原则与策略提炼为普遍适用的知识框架，这种概括化与灵活性使得他们在面对新情境时，迅速迁移已有技能。以数学为例，其问题解决策略（如分析、模式识别与逻辑推理等），不仅限于数学领域，还能为科学、工程等多领域的学习提供有力支持，展现出技能迁移的广泛价值。

（4）心理状态对正迁移的积极影响。学习者的心理状态作为内在动力源，对技能的正迁移具有不可忽视的影响。自信心的建立有助于学习者将已有技能的成功经验迁移至新领域，激发探索未知的热情与勇气。同时，强烈的动机与浓厚的兴趣能够驱动学习者主动寻求相关领域的知识与技能，进一步拓展迁移的广度与深度，形成良性循环，推动技能水平的持续提升。

2. 负迁移

负迁移即已掌握技能对新技能学习的消极影响，常发生在两种技能结构相似却要求截然相反的动作方式的情况下。如会骑自行车的人在尝试骑三轮板车时遭遇的不适应，便是负迁移的生动体现。在这类情况下，旧技能的习惯性动作模式与新技能的要求相冲突，导致学习者难以迅速适应新情境，甚至可能拖慢学习进度。镜画实验更是直观展示了负迁移的干扰作用，面对相同的视觉刺激，学习者需作出截然相反的手部动作，这种内在的矛盾与竞争极大地挑战了手眼协调的能力。类似现象在体育运动中也很常见，如打网球与打羽毛球虽然同为球类运动，但击球动作要求的细微差异却足以引发负迁移，使得习惯了一种运动方式的学习者在转换至另一种运动方式时，面临重重困难。共同刺激与不同反应要求之间的张力，正是负迁移产生的根源所在。

二、智力技能的学习

现代认知心理学将知识领域分为两大支柱：陈述性知识与程序性知识。程序性知识进一步依据其应用的方向不同，被精妙地划分为两个子类别。一类专注于运用概念与规则处理外界事务，其核心在于对外部信息的精准加工与操作，这类知识被赋予"智力技能"的美名，它如同桥梁，连接着个体的智慧与外界的复杂世界。另一类在于运用概念与规则对内进行自我调控，它深植于个体内部，主导并优化着认知加工活动的每一个细微环节，这类知识被誉为"认知策略"，它不仅是思维的舵手，更是学习与问题解决过程中不可或缺的导航者。以下主要阐述智力技能的理论、学习过程与培养问题。

（一）智力技能的理论

1. 智力技能层次理论

智力技能的学习遵循层级结构原则，即较低层次的技能是掌握更高层次技能的必要基础。该理论强调，任何高阶智力技能的获得都依赖于先前学习的、更为简单的技能。这一过程体现了学习的累积性和依赖性，每一步都是向更高智慧层次迈进的坚实步伐。

2. 智力技能按阶段形成理论

智力技能虽然不直接表现为外显动作，但其根源深深蕴含在实际操作之中。智力技能的形成是外部动作逐渐转化为内部心智活动的过程，这一过程历经多个精细的阶段。在每个阶段，智力技能都经历着性质与水平的提升，就像是从无到有的创造过程，每一个细微的变化都标志着技能朝着更成熟、更高效的方向发展。

（二）智力技能学习的过程与条件

1. 辨别学习

辨别能力是对刺激物物理特征进行差异化反应的关键能力，其重要性在日常生活与学习中不言而喻。从区分形状、大小到辨识声音，辨别不仅是生存的基本技能，更是知识获取与技能掌握的前提。在智力技能的层级中，辨别学习扮演着基础而关键的角色，它是通向更深层次概念理解与规则掌握的桥梁。为了有效地促进辨别学习，教师需要精心创设一系列条件：首先，确保刺激与反应之间的即时性，即在呈现刺激后，要求学生迅速响应，以强化刺激与反应之间的关联；其次，重视反馈的时效性与准确性，对学生的反应给予及时且明确的肯定或否定评价，这有助于细化辨别过程，提升辨别精度；最后，认识到重复的价值，无论是刺激的重复呈现还是反应的不断练习，都能在无额外反馈的情况下，通过单纯的重复训练来增强知觉辨别能力，进而为学生的全面发展奠定坚实基础。

2. 概念学习

概念是符号所承载的具有共通本质特性的对象或性质的抽象表达，如"三角形"与"诚实"，分别指代了一类具有共同几何特性的图形与一种行为模式的普遍品质。深入分析任一概念，均可从名称、例证、属性及定义四个维度进行：名称乃概念之标识，例证则为概念之具体实例，属性揭示其内在本质特征，而定义则是对此类特征的高度概括。概念学习的核心在于掌握一类事物的共同本质属性，这要求学生不仅能识别本质特征，亦能区分非本质属性，如在学习"鸟"的概念时，在理解其羽毛覆盖本质的同时，意识到大小、颜色、飞行能力等非本质属性的存在。加涅视此为智力技能的一种体现，即学会对一类刺激作出一致反应的能力。

概念依据其性质可分为具体与定义性两类，两者在学习路径上有所差异。具体概念多通过概念形成途径习得，即从具体例证中逐步提炼出共性特征；而定义性概念则倾向于通过概念同化掌握，即借助已有认知框架中的相关概念，结合新定义来深入理解新概念的本质。无论何种方式，当学习者能以自身语言阐述概念属性时，仅标志着达到了陈述性知识的层面。要进一步提升至程序性知识，使学习者能在多变情境中灵活地运用所学概念，则需辅以广泛的变式练习，以促进概念的深化与应用能力的形成。

3. 规则学习

规则是科学研究与社会实践的结晶，涵盖了从自然规律到计算公式等广泛内容，它们深刻揭示了事物及其属性间错综复杂的关系，并以命题或句子的形式精练表达，如"热胀冷缩"这一规则，便是对物质体积随着温度变化规律的精准概括。规则学习的首要里程碑，在于学习者需将新规则与既有知识体系建立联系，从而透彻地理解其内在含义，此阶段所获知识属于陈述性范畴，即关于"是什么"的知识。然而，规则作为智力技能的重要组成部分，其学习的真正价值在于将理论知识转化为解决实际问题的能力。因此，规则学习的精髓在于促进这一知识形态的转化，即从静态的陈述性知识跃升为动态的程序性知识，使学习者能在不同情境下灵活地运用规则，以之指导行为、解决问题。这一过程离不开大量的练习与实践，通过反复应用与调整，规则最终内化为个体的技能，成为高效应对挑战、创造价值的强大工具。

（三）智力技能的培养

根据智力技能学习的一般条件，教师可以采用下列教学策略促进学生智力技能的获得与提高。

1. 展开与分解性策略

在智力技能的教学实践中，教师需尤为注重心智操作程序的详尽展示，确保过程完整且精细，以帮助学生清晰地把握操作流程及其细化步骤。实施展开性策略时，教师应直观地演示智力活动的每一步操作，引领学生通过亲身实践逐步构建起所需的智力技能。同时，采用分解性策略侧重于将复杂的思维过程条分缕析，划分为若干阶段，并针对每个阶段精心提炼和教授最佳心智操作模式，再将这些独立片段巧妙串联，形成连贯的整体。此种分而治之的训练方式，相较于笼统的综合训练，更能促进学生掌握设定子目标的策略，强化问题解决能力，有效规避心智操作中的不当组合。尤为关键的是，在智力技能学习的启蒙阶段，教师应有意识地减缓示范节奏，以减轻学生的信息处理负担，因为初学者的工作记忆容量有限，易在信息量激增时陷入超载困境，进而影响学习成效。因此，适度调控教学节奏，确保信息有序、适量的输入，是保障学习顺畅进行不可或缺的一环。

2. 变式练习策略

练习是智力技能习得的基础，不仅是规则由陈述性向程序性转化的桥梁，也是实现技能自动化的必由之路。教师在设计练习时，应确保练习数量充足、难度层次多样，并遵循科学的时间安排。初期练习应在于精准问题的慢速解决，避免长时间连续练习导致的疲劳与效率下降。随着心智动作的逐步程序化，练习应转向大量、多题型、递增难度的模式，以深化理解、巩固成果，并提升技能的灵活性与纯熟度。变式的巧妙运用在于通过变换呈现方式而不改变本质特征，有效促进学生对概念与规则的深度理解及跨情境迁移能力。选择典型、特殊的变式，往往能以少胜多，实现教学效果的最大化。

3. 反馈策略

反馈机制是确保智力技能习得精准性的关键。其精髓在于反馈的及时性与准确性，尤其注重对操作过程的细致剖析，而非仅仅提供对错判断。通过反馈，学生应能清晰地认知自身错误所在及其根源，从而有的放矢地进行改进。这一策略旨在帮助学生建立自我评估与修正的能力，促进技能学习的持续优化。

4. 条件化策略

智力技能学习的终极目标是能够在特定的情境下准确、高效地运用所学解决问题。因此，明确技能的适用条件至关重要。教师应积极引导学生理解并掌握技能应用的具体情境，通过反复强调与实践，学生能够将智力技能与相应条件紧密关联，形成条件反射。这一过程不仅增强了技能的可操作性与实用性，也为学生面对复杂问题时能够迅速、准确地调用所需技能奠定了坚实的基础。

第五章　教学设计与课堂管理

>> 第一节　教学设计

一、教学设计概述

（一）教学设计的内涵

教学设计作为教育领域的重要实践，其思想和模式的形成深受工业和军事领域严谨规划理念的影响。在这些高度目标导向的领域中，预先的周密设计与策划是实现预期成果的关键。教学心理学家敏锐地洞察到这一点，并将其应用于教育领域，强调教学设计对于教学成功的重要性。

教学设计本质上是一种前瞻性的规划过程，旨在明确教学目标，并据此确定教学内容（即"教什么"）与教学策略（即"怎么教"）。前者涉及对课程内容的精心选择与组织，确保知识的系统性与连贯性，这一过程常被称为课程决策；后者是对教学方法的创新与应用、教学资源的有效利用以及师生互动模式的构建，被称为教学决策。两者相辅相成，共同构成了教学设计的核心框架。

教学设计的执行者既可以是专业的教学设计人员或课程开发者，他们具备深厚的理论基础和丰富的实践经验，能够开发出高质量的教学材料；也可以是身处教学一线的教师，他们将教学设计融入日常的备课与授课之中，实现理论与实践的紧密结合。此外，教学设计活动在学校教学中具有多层次、多维度的介入特点。它既可以是在课堂层面，针对特定班级和教学内容进行的微观设计；也可以是在学科层面，由教研组统筹规划，指导多名教师的教学实践；还可以是在学校管理层面，对整套课程体系进行宏观设计与协调，甚至对既有教学计划的执行与评估进行干预，以确保教学设计的有效落地与持续优化。这种多层次介入不仅体现了教学设计的灵活性与适应性，也彰显了其在提升教学质量、促进学生全面发展中的关键作用。

（二）教学设计的意义

教学设计的意义深远，它与教学最优化的追求紧密相连，共同构成了教育领域不懈探索的核心目标。"最优化"概念源自工程技术领域，旨在通过最小的资源投入获得最大化的效益产出，它被教育界的理论研究者与实践工作者广泛借鉴，被视为教学活动的理想状态。

在教学领域，教学最优化不仅是教师与教育研究者的共同追求，也是提升教学质量、促进学生全面发展的关键所在。它要求教师在教学活动中，不仅要关注知识的传授，更要注重教学方法的创新、教学资源的优化配置以及教学效果的最大化。而这一目标的实现离不开教学设计的精心策划与实施。

教学设计作为教学迈向最优化理想境界的桥梁，贯穿于教学活动的各个环节。它要求教师在教学活动开始前，深入分析学生状况，明确教学任务，精心选择教学内容与教学模式，科学拟定教学进度，并对教学结果进行全面、客观的测定与分析。通过这一系列系统化、科学化的设计与规划，能够确保教学活动的有序进行，最大限度地发挥教学资源的效用，从而推动教学质量的持续提升。

（三）教学设计观

教学设计观是关于指导教学设计的总体要求和具体思路的基本观点。

1. 从教学设计的总体要求看

从教学设计的总体要求审视，该领域呈现出多元取向的融合。艺术取向强调设计的创新性与灵感，认为教学设计不仅是技术的堆砌，更需艺术素养的融入，以激发独特的教学魅力；科学取向侧重于实证与规范，要求在严谨研究的基础上，为宏观教学策略的选择与微观教学技艺的完善提供科学依据；工程取向视教学设计为一项系统工程，强调对教学资源的高效整合与精细化操作，确保教学方案的可实施性与可调整性；问题解决取向在于识别与解决教学中的实际难题，鼓励创造性思维在发现挑战、分析原因及探索解决方案中的应用；人员因素取向认识到人的核心作用，主张提升教育者与相关机构的专业能力，以人力资源的优化促进教学质量的飞跃；系统论取向强调教学设计的整体性与关联性，倡导运用系统思维全面审视教学要素间的互动关系，确保设计方案的和谐统一与动态平衡。上述取向相互补充，共同构成了教学设计领域丰富多元的理论与实践框架。

2. 从教学设计的具体思路看

从教学设计的具体构思层面出发，存在两种主导观点：结构定向观与目标定向观。

（1）结构定向观。此观点侧重于心理结构的构建与定向发展。它认为，教学设计应以构建并优化学习者的特定心理结构为中心任务，即根据学习内容的性质和目标，明确需要塑造的心理结构类型。在设计过程中，需遵循心理结构形成的自然法则，如学习动机的激发机制、知识内化的路径、技能形成的阶段特征以及学习迁移的条件等，从而有目的地实施教学策略。最终，通过科学的方法促进预期心理结构的有效且快速形成，使学习者能够在实践中灵活地运用所学知识。

（2）目标定向观。此观点基于掌握学习理论和教学过程最优化理论，强调教学设计的目标导向性。它围绕明确的教学目标，设计了一套包含四种核心课型的完整教学单元，旨在帮助所有学生达到既定的学习标准。这些课型包括：前置补偿课，用于弥补学生在新知学习前的知识、技能或情感准备不足；新授课，专注于新知识传授与技能培养；综合课，通过复习巩固促进知识的系统整合与深化理解，实现更高层次的教学目标；矫正课，基于测试结果提供个性化的学习反馈，为不同需求的学生提供针对性的补救或拓展教学。关于这些课型的具体实施程序，研究者根据各自的研究和实践提出了不同的见解，但共同指向有效达成教学目标的核心目标。

二、关于不同知识类型和不同课型的教学组织

（一）不同知识类型的教学组织

1. 陈述性知识

陈述性知识构成了个体对世界"是什么"的理解框架，涵盖了对事物名称、符号的识别，简单命题与事实的记忆，以及复杂命题间逻辑关系的理解。其教学组织应遵循以下原则：第一，首要任务是评估学生是否能准确回答"是什么"的问题，以此作为教学效果的直接反馈；第二，教学内容需循序渐进，

从基础符号、事实知识逐步过渡到有意义的命题组合，同时注重新旧知识的有机联系；第三，强化基础知识的巩固，明确新旧知识的衔接点，促进知识的有效迁移；第四，灵活运用教学媒体，确保信息传递的准确性与时效性，并及时给予学生反馈，以优化学习成效。

2. 程序性知识

程序性知识在于"怎么办"的解决策略，其核心在于"如果……那么……"的产生式逻辑结构。在组织教学时，首要关注点是评估学生能否灵活地运用概念与规则解决实际问题；将教学内容融入更广泛的知识网络，促进知识的系统化与结构化；在概念教学中，巧妙地运用正例强化理解，利用反例澄清误区，确保概念界定得精确无误；对于规则的学习，强调其在不同情境下的灵活应用，使学习者能在面对特定条件时，迅速作出正确反应；对于复杂的程序性知识序列，需平衡分散与集中练习的比例，确保整体与局部的协调统一。

3. 策略性知识

策略性知识关乎"如何学习"的技巧与方法，是对自身认知过程的监控与调节。其教学组织的核心在于提升学生的学习自主性与元认知能力。首先，应明确教学效果的评价标准在于学生是否掌握了有效的学习策略，而非仅仅局限于知识点的掌握；其次，通过专门的学习策略课程，系统地教授复习、笔记记录、反思等技能，同时鼓励将这些策略融入日常学习中；最后，教师应积极示范并分享个人思维过程的监控与调节经验，为学生提供可模仿的学习模板，促进其学习策略的内化与迁移。

（二）不同课型的教学组织

1. 新授课

新授课作为传授新知识的主要课型，其教学组织需精心策划，以确保教学效果。其一，明确教学目标，引导学生形成相应的心理预期，同时激发其学习动机与需求；其二，通过回顾相关旧知识，搭建知识桥梁，为新知识的学习奠定基础；其三，自然引出新课内容，突出关键要素，针对重难点进行深入剖析与解答；其四，安排层次分明的练习活动，遵循由易到难、由具体到抽象、由单项到综合的原则，逐步加深理解；其五，及时给予学生反馈与评价，促进其自我反思与调整。

2. 讨论课

讨论课旨在促进学生产生思维碰撞与交流观点。教学组织可分为准备、展开与总结三个阶段。准备阶段需精选讨论主题，围绕教学重难点或争议性问题展开，确保议题量适中且难度适宜，且兼顾学生整体水平；展开阶段应营造民主氛围，鼓励多元表达，引导讨论聚焦核心议题，及时捕捉典型观点与争议焦点，灵活调控讨论节奏；总结阶段需全面梳理讨论成果，明确立场或共识，为学生提供清晰的结论或导向。

3. 复习课

复习课对于巩固与深化所学知识至关重要。其教学组织应追求"旧中有新、新中有旧"的境界。通过变换知识呈现形式与例证，赋予复习内容新鲜感与深度；聚焦复习重点、难点及学生困惑点，实施精准施策；系统梳理知识结构，帮助学生构建完整的知识框架，提升理解力与应用能力。同时，强调知识的迁移与拓展，鼓励学生将所学知识灵活地运用于新情境中，培养其创新思维与实践能力。

三、分析教学对象

学习者作为教学对象，始终是教学过程中的重要角色，因此，对学习者的若干重要情况予以分析也是教学设计的一个必要环节。分析内容包括学习者的学习态度、起始能力、知识背景。

（一）分析学习者的学习态度

1. 激发与培养学习者的内在动机

学习者的学习态度深受其内在动机的驱动，这种动机源自对学习活动本身的热爱与完成学习任务后的满足感。为了塑造积极的学习态度，教育者需深入探索并有效激发学习者的内在动机。具体措施包括：设计多样化的学习任务，让学习者根据个人兴趣自主选择；确保教学内容贴近学习者的价值观，增强学习的意义感；同时，营造一个鼓励探索、尊重差异的支持性学习环境，使学习者在自由与尊重中激发学习热情，增加学习投入，提升满意度。

2. 强化学习者的自我效能感

自我效能感作为学习者对自己学习能力的信心，是塑造积极学习态度的关键要素。提升自我效能感，关键在于为学习者提供恰当的挑战，既不过于简单，也不过于艰难，以激发其潜能。及时、具体的反馈机制同样重要，它能让学习者清晰地看到自己的进步与成就。此外，通过庆祝成功、认可努力、积极行动，可以进一步巩固学习者的自信心。这一过程不仅强化了个体对自我能力的认知，也促进了积极学习态度的形成。

3. 发展学习者的情绪调节能力

具备良好的情绪调节能力的学习者，在面对学习压力与挑战时，能够更有效地管理情绪，保持坚韧不拔的学习态度。培养这一能力，首先需要教导学习者认识并理解自己的情绪，这是情绪管理的基础。然后，通过教授实用技巧，如正念冥想、深呼吸练习以及积极的自我对话，帮助学习者在情绪波动时迅速调整状态。同时，利用团队合作、角色扮演等互动活动，为学习者提供实践情绪调节技巧的平台，从同伴的支持与交流中获得情感共鸣与策略启发。这一过程不仅增强了学习者的情绪韧性，也促进了其学习态度的持续优化。

（二）分析学习者的起始能力

1. 学习者的先验知识与经验

先验知识不仅涵盖了特定学科领域的具体知识点，还涉及广泛的背景信息、生活阅历以及以往解决问题的策略。为有效设计教学活动，教育者需深入了解每个学习者的知识基础与经验储备。通过预评估手段，教育者能够精准识别学习者的已有成就、潜在误解及知识盲区。基于此，教育者能够灵活地调整教学内容的深度与广度，确保教学活动既能巩固旧知，又能激发新知探索，引领学习者向更高层次的认知迈进。

2. 学习者的认知发展水平

依据认知发展理论，不同年龄段的个体在信息处理、逻辑推理及抽象思维等方面展现出不同的特征。因此，教育策略需紧密契合学习者的认知阶段。对于处于直观思维阶段的学习者，教育者应倾向于采用图像、实物操作等直观教学手段，以激发其学习兴趣；而对于已步入形式运算阶段的学习者，可以引入更复杂的抽象概念、逻辑推理及批判性思维训练，如通过讨论、辩论及独立研究项目等形式，促进学习者认知能力的深化与拓展。

3. 学习者的学习风格与偏好

学习风格是指个体在接收、处理及理解信息时所偏好的特定方式，它关乎个体的感知模式、信息处理方式及记忆策略。认识到这一多样性，教育者需致力于实施个性化教学，以满足不同学习者的独特需求。针对视觉型学习者，可以提供丰富的图表、流程图及视频资源；对于听觉型学习者，可以通过讲座、音频资料及口头讨论等方式促进知识吸收；动手操作型学习者更适合通过实验、模拟操作及项目构建等活动深化理解。通过精准匹配学习者的风格偏好，教育者能够显著地提升教学效果，加速学习者起始能力的成长步伐。

（三）分析学习者的知识背景

1. 非正规认知形成的误导性概念

在日常生活中，学习者往往基于直接观察和经验积累形成个人见解，这些见解在未经科学验证的情况下，可能构成非科学的日常概念。这些概念与正规学科知识间常存在偏差甚至冲突，如将线段视为"直线"，或以飞行能力作为鸟类判定的唯一标准。此类误导性概念易对科学认知构建形成干扰。教育者需敏锐识别此类概念，并通过设计对比实验、组织深入讨论等教学活动，引导学生正视并摒弃错误观念，逐步接纳并内化科学真理。

2. 已学知识的遗忘现象

即便学习者曾通过正规渠道习得知识，时间流逝亦可能导致记忆淡化，进而阻碍新知识的学习进程。例如，基础数学技能的遗忘可能影响后续高级数学概念的掌握。为克服此障碍，教师在引入新课题前，应合理规划复习环节，巩固学生既有知识基础，确保学生在扎实的基础上顺利地过渡到新知识的学习，实现知识的连贯与深化。

3. 知识理解的模糊与未分化状态

部分学生对先前学习的知识理解不够透彻，导致认知结构松散，难以形成稳固的知识体系。这种模糊与未分化的知识状态限制了新知识的有效同化。例如，对英语形容词变化规则的一知半解可能影响语言学习的深度与广度。为此，教师需采取清晰阐释、实例剖析及强化练习等策略，帮助学生澄清认知迷雾，巩固知识基础，从而为其进一步的知识探索奠定坚实的基础。

四、选择教学形式、方法、策略

教学活动指在某种策略导引下，准备以某种形式展开并运用某种具体方法来使学习者获得新的知识和技能。所以，教学设计中对教学形式、方法、策略的分析和选择也是十分重要的。

（一）关于四种教学形式

教学形式涉及安排怎样的情境，以及怎样使学生对教师组织的教学内容作出反应。这样的形式大体有四种，它们各有长处和短处，即各有其适用性和局限性。

1. 讲解式教学

讲解式教学是教师采用口头或书面形式，系统、连贯地向学生传授知识体系、概念解析及信息要点的方法。其显著优势在于高效性，能够迅速覆盖大量的教学内容，确保教育公平，使每名学生都能接收到统一标准的知识传递。教师在此模式下能精准调控教学节奏与难度，尤其适合引入新概念或深入探讨复杂理论。然而，讲解式教学亦有其局限，如可能削弱课堂互动性，导致学生参与度不足，陷入被动接受状态，进而影响注意力的持续集中。

2. 提问引导法

提问引导法通过精心设计的问题激发学生的思考兴趣与探索欲望，旨在培养学生的批判性思维与问题解决能力。开放式问题鼓励学生自由表达观点，促进创新思维的养成；封闭式问题用于检验具体知识点的掌握情况，确保学习成效。此方法要求教师具备高超的提问技巧，以维持课堂秩序与讨论质量。同时，学生可能因惧怕错误而回避参与，需要教师营造包容氛围，鼓励学生勇于尝试。

3. 小组合作学习

小组合作学习模式强调学生间的互动与合作，通过团队讨论、协作完成任务，促进社交技能与团队协作能力的发展。此模式为每名成员提供了个性化学习的空间，鼓励根据个人兴趣与需求调整学习策略。然而，小组活动的管理与维护较为耗时，需教师有效引导，避免领导力失衡或工作负担不均等问题，确保每名成员都能积极参与贡献。

4. 研讨式讨论

研讨式讨论是在教师引导下，学生围绕特定议题展开的深入交流与思想碰撞。此方法鼓励学生从不同的角度审视问题，培养批判性思维与口头表达能力，同时帮助教师洞悉学生的学习状态与理解深度。然而，高效的讨论需建立在高参与度和积极氛围之上，要求教师具备卓越的引导与调控能力，确保讨论围绕主题展开，避免偏离或争议，促进建设性对话的形成。

（二）关于归纳与演绎的教学方法

在教授概念、公式或原理时，归纳法与演绎法是两种不可或缺的教学策略。归纳法侧重于从具体到抽象，通过提供一系列实例让学生观察、操作并比较分析，从而自主提炼出概念、公式或原理。例如，在学习平衡原理时，教师展示不同重量的砝码及其位置变化，引导学生观察天平的平衡状态，通过数据对比与分析，最终归纳出"合力矩为零"的平衡原理。这种方法循序渐进，贴近学生的认知发展规律，尤其适合在学校学习阶段的学生。然而，归纳法耗时较长，且实例的收集可能难以全面覆盖所有情况，限制了其效率与全面性。相比之下，演绎法则是从一般到特殊，先定义概念或陈述原理，再通过实例加以验证。它直接明了地呈现原理，通过实例验证强化理解，对于培养理论思维和激发创造性而言，演绎法可能更具优势，尽管其初始呈现可能较为抽象。因此，在实际教学中，教师应根据教学内容、学生特点及教学目标来灵活选择或结合使用这两种方法，以取得最佳的教学效果。

在选择归纳与演绎的教学方法时，需综合考虑多方面因素，以确保教学效果的最大化，具体建议如下。

1. 针对低年级或抽象概念

当学生年龄较小、处于低年级阶段，或所教授的概念、公式、原理本身较为抽象难懂时，倾向于采用归纳教学法更为适宜。通过提供具体实例，引导学生从观察现象入手，逐步深入到事物的本质属性与内在联系，帮助学生在实践中理解抽象概念。在此过程中，教师应强调观察与思考并重，鼓励学生不仅关注表面现象，更要深入挖掘事物的本质特征。

2. 针对高年级或具体概念

随着学生年龄增长、年级提升，或教学内容转向更为具体的定义、公式、原理时，可适时转向演绎教学法。在此阶段，教师可直接阐述定义、公式或原理，随后通过实例加以验证和说明，以加深学生对知识的理解和记忆。实施演绎教学时，务必确保学生能够准确把握定义、公式或原理中的关键词汇与符号含义，从而进行准确的分析和应用。

3. 教学方法的过渡与提升

随着学生知识经验的积累、生活阅历的丰富以及智力水平的提升，教学策略应逐步从归纳法向演绎法过渡。这一转变旨在促进学生思维能力的发展，特别是逻辑推理和批判性思维能力的培养。在过渡过程中，教师应灵活调整教学方法，既要保留归纳法的直观性和实践性，又要融入演绎法的系统性和逻辑性，以激发学生的创造力和探索精神。通过综合运用两种教学方法，为学生构建一个全面、深入、灵活的知识体系。

（三）关于指导式与发现式教学策略

1. 指导式教学策略的深度实施

指导式教学策略作为一种以教师为主导的教学模式，侧重于通过系统、详尽的讲解与直观演示，引导学生掌握关键知识与技能。在此策略下，教师成为知识的传递者，通过条理清晰的讲解和实例演示，确保学生能够准确把握学科核心概念与原理。例如，在数学定理的教学中，教师会分步解析定理内涵，结合实例演算，帮助学生提升应用定理的能力。此策略的优势在于知识传授的高效性与准确性，尤其适合需要精确掌握的知识领域。然而，它可能限制了学生的自主学习与问题解决能力的发展。

2. 发现式学习策略的创新实践

发现式学习策略以学生为中心，鼓励自我探索与主动学习。在这一模式下，教师转变为引导者与辅助者，创设问题情境，激发学生的好奇心与求知欲，促使他们通过实践操作、实验验证与问题解决来自主建构知识体系。例如，在科学实验课程中，教师设计探究性实验，让学生在观察、记录与分析中自行发现科学规律。此策略能极大地提升学生的批判性思维与创新能力，但可能伴随学习过程的耗时较长与结果的不确定性。

3. 指导式与发现式策略的有机融合

为了兼顾知识传授与能力培养的双重目标，将指导式与发现式教学策略有机结合为一种高效的教学路径。该策略初期依赖于教师的系统指导，为学生奠定坚实的理论基础与概念框架。随后，通过设计发现式学习任务，如项目研究、小组讨论等，鼓励学生运用所学知识解决实际问题，深化理解并拓展知识边界。例如，在历史教学中，教师先概述历史事件的背景与意义，随后引导学生通过文献调研、小组讨论等形式，自主探讨事件的深远影响与现实意义。这种融合策略既保障了知识学习的系统性，又激发了学生的学习主动性与创造性，为学生提供了更为丰富、多元的学习体验。

第二节　课堂管理

一、课堂管理的功能

（一）课堂管理的促进功能

课堂管理旨在构建一个对教学具有积极推动作用的环境，不仅满足个体与集体的合理需求，更能激发学生潜能，优化学习体验。这一过程的核心在于巧妙地运用群体动力，而非强制手段或言语劝说，具体体现在以下几个方面。

1. 构建和谐师生关系与同伴关系

通过营造尊师重道、互敬互爱的师生关系，以及倡导团结协作、互帮互助的同伴关系，促进师生间及同学间的紧密合作，共同致力于教学目标的实现。这种正面的人际关系网络为教学活动的顺利进行奠定了坚实的基础。

2. 培养良好的课堂纪律与风气

通过持续引导和教育，逐步塑造出一种积极向上、自律自强的课堂风气。在这样的环境中，学生能够自觉遵守课堂规范，将外部规则内化为个人行为准则，从而提升学习效率与质量。

3. 明确群体目标，增强群体凝聚力

设定清晰、具体的群体学习目标，不仅有助于统一思想、凝聚共识，还能显著增强群体成员间的相互吸引力和内聚力。当每个成员都朝着共同目标努力时，群体的整体效能将得到最大化发挥。

4. 平衡正式群体与非正式群体的关系

正视并妥善处理班级中的正式群体（如班委会、学习小组）与非正式群体（如兴趣小组、朋友圈）之间的关系，通过有效引导和管理，使两者相辅相成，共同促进班级结构的完善与发展。这有助于构建一个更加和谐、包容且充满活力的学习环境。

（二）课堂管理的维持功能

课堂管理的维持功能的核心在于持续营造一个稳定且积极的学习环境，确保学生的注意力集中于学习任务，从而保障教学活动的顺利进行与教学目标的顺利达成。具体而言，这一功能体现在以下几个方面。

1. 适应情境变化

面对课堂教学中突如其来的新情境，有效的课堂管理能够迅速引导学生调整状态，适应环境变化，确保教学流程的连贯性与有效性。

2. 调和人际关系

当师生关系或同学关系出现紧张态势时，课堂管理扮演着调解者的角色，通过适时介入与妥善处理，促进相互理解与尊重，营造和谐的人际氛围，为学生创造良好的社交环境。

3. 维护课堂纪律

针对课堂纪律问题，制订并执行符合学校规章制度的课堂行为准则，是课堂管理不可或缺的一环。这些准则有助于明确行为界线，协调教学节奏，及时排除干扰因素，确保教学秩序井然有序。

4. 关注学生心理健康

面对学生的问题行为及其背后可能存在的心理压力与焦虑，课堂管理通过提供情感支持与心理疏导，帮助学生调整情绪状态，减轻心理负担，促进其心理健康发展，间接提升学习积极性与效果。

综上所述，课堂管理的维持功能虽然不直接激励学生的潜能释放，但通过其施加的外部压力与调节机制，能够有效维持课堂秩序，处理突发问题，保持学习环境的动态平衡，进而为学生的学习积极性提供稳定的基础与保障。

二、影响课堂管理的因素

（一）定型的期望效应

定型的期望效应，亦称自我实现预言，深刻揭示了教师对学生所持期望对学生行为的塑造作用。积极的期望如同灯塔，照亮学生前行的道路，激发其内在潜能，促使其奋力追求目标；反之，消极期望则可能成为阻碍，削弱学生动力，影响其表现。此效应不仅关乎学生自信与自我认知的构建，还直接影响着教师的教学策略与关注度分配。因此，教师需审慎对待自身期望，力求公正且充满鼓励，以正面引导学生健康成长。

（二）教师的学生观念

教师的学生观念，是其对学生本质、潜能及能力的基本认知框架。这一观念如同透镜，影响着教师与学生的互动模式、教学活动的设计以及学习成果的评价方式。秉持积极观念的教师，视每名学生为可塑之才，坚信其拥有无限潜力，从而倾向于采用支持性、包容性的教学策略，营造一个鼓励探索、容错并进的学习氛围。反之，若教师持消极观念，则可能抑制对学生能力的信任，采取更为严苛或批评性的教学态度。因此，培养并坚守积极学生观念，是促进学生全面发展和积极参与的关键。

（三）教师的非权力性影响力

教师的非权力性影响力，源于其专业素养、教学技艺、沟通艺术及人格魅力，是对学生学习态度、行为模式及情感倾向产生深远影响的无形力量。具备高度影响力的教师，能够游刃有余地驾驭课堂，激发学生求知热情，促进正面行为习惯的养成。此外，教师作为榜样，其一言一行均对学生价值观与期望的塑造起着至关重要的作用。为增强课堂管理的实效性，教师应持续提升自我，以专业能力与人格魅力赢得学生的尊敬与爱戴，构建起基于相互尊重与支持的良好师生关系。

三、课堂群体的管理

（一）增强群体凝聚力

增强群体凝聚力是课堂管理的关键环节，旨在促进学生间的相互信任、支持与合作。通过策划团队建设活动、鼓励共同项目参与、定期召开小组讨论与反思会议，可以有效促进成员间的正向互动。教师应明确团队角色与期望，确保任务分配的公平性，及时介入解决团队冲突，营造和谐的团队氛围。同时，表彰团队成就与个人贡献，增强学生的集体荣誉感与归属感，进一步提升群体凝聚力与学习动力。

（二）优化课堂气氛

优化课堂气氛要求教师创造一个正面、积极的学习环境，使学生感到舒适、安全，从而激发其参与课堂的积极性。建立开放的沟通机制，确保学生意见受尊重，同时提供及时、具体、积极的反馈，帮助学生认识自身成长与潜力。鼓励自主学习，采用多元化教学策略与资源，满足不同学生的学习需求。在此环境中，学生将更乐于参与讨论，勇于尝试新事物，展现出更强的适应力与韧性。

（三）促进人际关系的和谐

人际关系是课堂生态的重要组成部分，涉及吸引、排斥、合作与竞争等多维度。人际吸引基于认知协调、情感共鸣与行动一致，受距离、交往频率、态度相似性等因素影响。教师应引导学生建立积极的人际关系，减少排斥现象，促进学生间的相互交流与合作。合作作为课堂管理的核心要素，有助于解决复杂问题、促进智力发展、改善学习方法及增强群体凝聚力。然而，合作亦需注意平衡个体差异，避免优势学生主导或忽视弱势学生。竞争作为另一种驱动力，应适度引导，避免过度竞争带来的紧张与焦虑，不应损害人际关系。倡导合作基础上的适度竞争，或鼓励学生进行自我竞争，以最大化竞争与学习效益，同时维护和谐的课堂氛围。

第六章　学习结果的测量与评定

>>> 第一节　影响学习测量和评定的心理因素

一、学生心理因素的影响

（一）自我效能感与学生学习动力

自我效能感，即学生对自己能够成功完成学习任务的信念，是驱动学习进程的关键因素。高自我效能感的学生展现出更强的韧性，当面对学习挑战时，更倾向于积极应对而非轻易放弃。例如，在数学难题面前，他们更有动力尝试多种解法，持续探索，直至找到解题方法。为增强学生的自我效能感，教师可以精心设计具有挑战性的学习任务，确保学生能在努力后体验到成就感；同时，通过正面反馈强化学生的能力认知，并分享同伴的成功案例，以激励学生相信自己同样能够取得优异表现。

（二）学习动机与目标导向对学习效果的影响

学习动机是驱动学生投入学习活动的核心力量，其来源既包含内在的兴趣与好奇心，也涵盖外在的奖励与认可。明确的目标导向则进一步塑造了学生的学习路径，其中掌握目标导向侧重于个人的成长与学习过程，而表现目标导向则侧重于与他人的比较及成果展示。为激发学生的学习动机并引导其建立积极的目标导向，教师应设计富有意义的学习活动，及时反馈学习进展，鼓励学生根据个人情况设定合理的学习目标。同时，倡导掌握目标导向，帮助学生将注意力集中于个人能力的提升而非单纯的成绩竞争，从而促进更深层次的学习与自我发展。

（三）情绪管理在学习过程中的关键作用

情绪管理是学生有效应对学习压力、维持积极学习状态的重要能力。积极情绪能增强学生的注意力与记忆力，而消极情绪则可能阻碍认知功能的正常发挥。因此，教师应致力于创建一个充满支持态度的学习环境，教授学生实用的情绪调节技巧（如深呼吸、积极思考等），鼓励学生定期进行自我反思，以识别并调整不良情绪。同时，教师应敏锐察觉学生的情绪变化，及时提供必要的支持与资源，确保学生在面对学习挑战时，能够保持情绪稳定，充分发挥潜能。

二、教师心理因素的影响

教师心理因素在教学过程中起着至关重要的作用，它们影响教师对学生的评价、教学策略的选择以及课堂管理的方式。以下是几种常见的教师心理因素。

（一）宽大误差的规避

宽大误差作为教师评价中一种常见的偏差现象，表现为给予学生超出其实际表现的过高分数或不切实际的宽泛表扬。此现象源于教师对学生的善意鼓励或避免让学生感到挫败的初衷，然而，却可能误导学生对自我能力的认知，进而影响其自我评估的准确性。为减少此类误差，教师应确立清晰、客观的评价标准，并严格依据学生的具体表现进行公正评价，确保评价结果的准确性和指导性。

（二）警惕光环效应的干扰

光环效应作为一种心理现象，易使教师在评价学生时，因其在某一方面的显著优势（如外貌、性格魅力或特定技能）而对其他能力或特质产生不切实际的正面偏见。这种偏差可能遮蔽了学生在其他领域的不足，影响评价的全面性和公正性。教师应深刻认识到光环效应的存在，努力克服这一心理干扰，确保评价过程能够全面、客观地反映学生在各学科和技能上的真实水平。

（三）打破集中趋势的束缚

集中趋势是教师评价中存在的常见问题，表现为在评价学生时倾向于给出中庸的分数，即便面对极端优秀或糟糕的表现，也往往选择折中处理。这种做法削弱了评价的区分度，难以准确反映学生的真实能力。为打破这一趋势，教师应勇于根据学生的实际表现给予真实、具体的评价，不避讳高分或低分，确保评价能够精准地体现学生的个体差异和进步空间。通过这样的做法，教师可以为学生提供更有针对性的反馈，促进学生全面发展。

（四）避免逻辑谬误

逻辑谬误是教师在评价过程中因推理不当或判断失误而产生的非逻辑性偏差。这类错误可能源于过度简化复杂问题、忽视关键因素或错误归因等。例如，简单地将学生学业不佳归咎于智力不足，而忽视了教学方法、学习动机或外部干扰等多重因素。为规避此类谬误，教师应培养批判性思维习惯，深入分析影响学生表现的多元因素，确保评价过程既科学又公正。

（五）克服对比效应

对比误差是教师因近期评价经历而对学生表现产生偏见的现象。当教师在连续评价多个学生时，先前的评价经历可能无意识地影响后续判断，导致评价标准发生偏移。为消除这一误差，教师应时刻保持警觉，每次评价时都应重新明确标准，确保评价过程的一致性和公正性，避免让前后评价相互影响。

（六）屏蔽邻近干扰

邻近干扰是指教师在评价学生时受到近期非学术事件（如学生课堂行为、家校沟通等）的影响，导致评价偏离学术标准。这种干扰可能损害评价的客观性和专业性。为减少邻近干扰，教师应明确评价焦点，专注于学生的学术成就和能力发展，避免将非学术因素纳入评价体系。同时，建立系统的评价流程和记录机制，有助于教师保持评价的独立性和专业性。

三、常见的几种学习评定量表

正如自然科学所总结的那样，一门可评定和测量它所研究的现象的学科将比那些不能做到这一点的学科发展得快一些。随着测量技术的发展，人们试图用不同的方法评定教师的教学质量。

（一）图示评价量表

图示评价量表采用直观、生动的图形或符号体系，直观展示评价结果，使评价过程更为形象且易于理解。此量表通过设计一系列视觉元素，如笑脸与哭脸的表情符号、满意度条形图等，供评价者或学生根据自身感受选择，以反映对学习内容的满意度、理解深度及个人体验。图示评价量表的显著优势在于其操作的简便性与结果的直观性，尤其适合低龄段学生及跨文化背景下的应用。然而，此量表可能在处理复杂评价维度时显得力不从心，难以全面深入剖析评价对象的细微差别。

（二）形容词等级量表

形容词等级量表通过精心编排的形容词序列或修饰短语集，为评价者提供了多层次的选项，以量化其主观感受或评价标准。在提出具体问题后，评价者需根据所给形容词或短语的描述程度，通过标记（如画圈）来选择最符合自身评价的等级。此类量表的设计旨在捕捉评价者的细微差别与主观体验，确保评价的细腻度与精确度。通过形容词的序列化排列，量表能够引导评价者进行更为细致的思考与判断，从而提升评价的全面性与深度。

（三）量化数值量表

量化数值量表旨在弥补形容词量表在量化分析上的不足，通过直接为形容词量表的每个等级赋予具体分数，实现了评价的数值化。这种量表形式不仅保留了形容词量表在描述评价对象特征上的细腻性，还通过数值的引入，使得评价结果更易于进行统计分析、比较和追踪。量化数值量表在教育评估、市场调研等多个领域均有广泛应用，其精确性和客观性得到了广泛认可。

（四）行为表现量表

行为表现量表专注于学生具体行为层面的评估，它摒弃了主观感受或总体印象的依赖，转而关注可观察、可测量的具体行为。行为表现量表通常列出一系列与学生学习和日常行为相关的具体描述，如"主动举手回答问题""独立完成作业"等，评价者根据学生的实际表现，对每一项描述进行评分或判断。此量表的优势在于其高度的客观性和具体性，有助于教师快速准确地识别学生的行为模式，进而有针对性地提供指导和支持。然而，值得注意的是，行为表现量表在评估抽象思维、情感态度等内在特质时可能存在局限，需要结合其他评估工具共同使用，以获取更全面的学生画像。

（五）强迫选择评估量表

强迫选择评估量表是一种设计精妙的评估工具，它要求评价者在两个或多个精心设计的选项之间作出选择，以标识出最符合被评估者表现的情况。此量表的核心优势在于其能显著减少评价过程中的犹豫不决现象，并有效规避了倾向于选择中间选项的通病。通过提供对比鲜明、针对性强的选项，强迫选择评估量表促使评价者进行更为细致的观察与深入分析，从而提高了评价的精准度与区分能力。然而，值得注意的是，该量表可能在一定程度上限制了评价者表达细微差别的空间，且选项的精准设置对于保证评价结果的准确性至关重要，若设计不当，则可能导致评价偏离实际。

（六）多维度综合评定量表

多维度综合评定量表代表了评估领域的一大进步，它巧妙地融合了多种评估手段与技术，旨在实现对学生学习成果的全方位审视。该量表不仅涵盖了传统的知识测试与技能评估，还深入探索了学生的学习态度、创新能力、团队协作及批判性思维等非物质层面的成就。通过这种多维度的综合评价，教师能够更为全面且深入地了解学生的学习状况，为其个性化发展提供有力支持。多维度综合评定量表的优点显而易见，它极大地丰富了评价视角，促进了对学生综合素质的准确把握。然而，这一评估体系的有效实施也对教师提出了更高要求，不仅需要具备扎实的评估技能，还需具备对复杂评估结果的深度解读与整合能力。

➤➤ 第二节 常用的测验方法

一、论文式测验

（一）论文式测验的含义及其试卷的编制和评分

论文式测验是一种旨在评估学生综合应用知识能力的考试形式，要求教师依据教学内容的核心要点，精心挑选关键议题，设计为数个开放式问题，鼓励学生以论文的形式，以书面方式自由阐述见解。需紧密结合教学层次及学生的实际学习状况灵活设定议题的难度与深度，确保既考查学生的基础知识掌握情况，又激发其深入思考与分析能力。作答形式灵活多样，既可精练为短句概括，亦可深入探讨某一问题，甚至是在限定时间内完成一篇结构完整、论证充分的文章，如分析"明朝中后期资本主义萌芽的兴起与发展态势"或全面论述"明末农民战争的起因、历程及其深远的历史影响"。

（二）论文式测验的利弊

1. 论文式测验的优点

论文式测验应用甚广，它之所以被广泛采用，其理由如下。

（1）命题效率与灵活性。相较于传统的选择题或填空题，它大幅减少了教师设计大量客观题目的需求，转而在于几个核心问题，这些问题直击课程精髓，有效覆盖关键概念与主题。此过程不仅节省了命题时间，还赋予教师根据教学目标动态调整题目的高度灵活性，确保测验内容与学生学习进度紧密契合。

（2）全面评估思维与表达能力。论文式测验要求学生超越简单的记忆与理解层面，深入分析问题，运用批判性、创造性思维探寻解决方案，并清晰、逻辑地阐述个人观点。这一过程不仅是对学生解决问题能力的一次全面评估，也是对其语言组织能力、论证逻辑及论据支撑能力的有效检验。通过论文式测验，教师可以更直观地了解学生在思维构建与书面表达方面的实际水平。

（3）深度洞察学生学习状况。论文式测验作为一种综合性评价方式，能够深刻揭示学生学习的广度与深度。通过分析学生的论文，教师不仅能直观了解其对课程核心内容的理解透彻度与概念掌握情况，还能洞察其将理论知识灵活应用于新情境的能力。这一过程为教师提供了宝贵的信息反馈，有助于精准识别每名学生的优势领域与待提升之处，进而实施更加个性化、高效的教学指导与支持策略。

（4）缓解考试情境下的心理压力。相较于传统考试中选择题或填空题对速度与即时反应的高要求，论文式测验以独特的考试形式为学生营造了一个更为宽松、从容的答题环境。它允许学生拥有更充裕的时间进行深入思考与细致作答，有效减轻了因时间紧迫而带来的心理压力与焦虑感。同时，论文式测验的开放性特征鼓励学生依据自身学习风格与节奏自由组织答案，这不仅有助于发挥学生的创造力与潜能，还能促进其更加真实、自信地展示自我，从而提升整体考试体验。

2. 论文式测验的缺点

论文式测验虽然有应用的价值，但人们对它持有许多批评意见，甚至有人主张完全废除这种考试方式。

（1）评分主观性的应对。论文式测验在评分过程中确实存在主观性挑战，这主要源于学生答案的个性化与多样性。不同评分者可能基于个人标准与偏好给予不同评价，即便同一评分者在不同情境下，也可能产生评价差异。为最大限度地减少这种主观性影响，关键在于建立并遵循一套明确、客观的评价标准与评分指南。此外，实施评分者培训，提升其对评价标准的理解与一致性至关重要。同时，采用评分复核机制，通过多方审核确保评分的公正与准确，也是不可或缺的环节。

（2）提升试题代表性的策略。面对论文式测验中试题可能缺乏全面代表性的问题，教师需要采取策略性措施加以应对。首先，深入剖析课程内容，精准识别关键领域与学习成果，确保试题设计能够紧密围绕这些核心要素展开。其次，注重试题的多样性与综合性，不仅考查学生对基础知识的掌握，更要激发其批判性思维与创新能力，使试题成为检验学生综合素质的有效工具。最后，通过持续收集反馈与评估效果，不断调整与优化试题设计，确保其始终与课程目标保持一致，充分反映学生的学习进展与成果。

（3）问题含义太广泛。在论文式测验中，若问题设计过于宽泛，缺乏具体指导，易使学生感到迷茫，难以聚焦答题核心。为解决此问题，教师在命题时需精心构思，确保问题表述既涵盖关键概念又具体明确，同时提供必要的背景信息和引导性提示，帮助学生清晰地理解答题方向与预期范围。通过这样的设计，学生能够更有效地组织思路、精准作答，展现其真实学习水平。

（4）易受其他因素干扰。论文式测验的写作环节易受学生个人情绪、健康状况及写作环境等非认知因素干扰，进而影响评价结果的准确性。为降低这些外部因素的影响，教师应致力于营造一个稳定、适宜的考试环境，确保每名考生都能在最佳状态下发挥。同时，在评分过程中，教师应秉持客观公正的原则，尽量排除对学生写作风格、习惯等非核心内容的主观判断，专注于评估学生对知识的理解与应用能力，以确保评价结果的公正性与有效性。

（三）论文式测验的改进

1. 标准化评分体系的建立与实施

为有效解决论文式测验评分过程中的主观性问题，需要构建并实施一套标准化的评分流程。这涵盖制订详尽的评分标准和指南，明确论文结构、论据质量、写作风格及语言运用等各项评分要素的具体标准。通过组织评分培训工作坊，对评分者进行系统培训，确保其对评分标准有统一且深入的理解，并在实际操作中保持一致。在评分环节，采用多名评分者独立评分后取平均值的策略，或实施评分者间的协商机制，以分散并平衡单一评分者的主观影响。针对争议性答案，设立复审流程，由专家小组进行最终审核，保障评分的公正性与准确性。

2. 优化试题设计的策略

针对试题代表性不足及问题表述宽泛的问题，关键在于提升试题设计的针对性与有效性。具体而言，教师应深入剖析课程内容，紧密围绕核心知识点设计试题，同时融入批判性思维与创造性思考的激发元素。在设计试题时，需兼顾课程学习目标与学生的认知发展水平，确保问题既具有挑战性又具有可操作性。此外，优化问题表述，力求清晰具体，避免模糊性，为学生提供明确的思考路径与写作指导。可借助具体指导问题或情境背景的设置，引导学生深入探讨与分析。更进一步的，鼓励学生参与试题设计过程，通过师生共同讨论，确保试题内容的相关性与实用性，从而全面提升试题设计的质量与效果。

3. 优化考试环境和条件

为了减少论文式测验中非认知因素的影响，需要改进的方向是优化考试环境和条件。这包括提供一个安静、舒适的考试环境，确保学生在考试期间不受外界干扰。为应对论文式测验的挑战，应实施标准化评分体系，以增强评分的客观性，并提升试题设计的针对性与清晰度，确保试题紧密围绕课程核心，问题表述具体明确，从而全面评估学生的学习成果。

二、客观测验

鉴于论文式测验存在的信度挑战、阅卷负担沉重及评分主观性强等局限性，教育评估领域逐渐倾向于采用更为客观、高效的测验方式。客观测验作为一种新兴形式，旨在通过增加题目数量、强调知识点的直接记忆与识别、使用明确无误的表述来替代主观性强的论述，力求以量化的标准取代个人偏见，从而实现对学生学业成绩更为精准、公正的评价。这一变革不仅提升了测验的标准化程度，也有效减轻了教师阅卷的工作量，使得评估过程更加高效、科学。

（一）客观测验的含义及其与论文式测验的区别

客观测验作为一种学业评估手段，其核心优势在于标准化与量化特性，这极大地降低了评分过程中的主观干扰与偏差。该测验形式（如选择题、判断题及填空题等），侧重于直接检验学生对知识点的掌握情况，而非其个人见解或论述能力。相较于论文式测验，客观测验不仅确保了评分的高度一致性，还显著提升了阅卷效率，避免了主观判断可能带来的不公。此外，客观测验通过涵盖多样化的题型与广泛的知识点，能够更全面地检验学生的学习成效。然而，值得注意的是，这一测验形式在评估学生的批判性思维、创新能力和对知识的深入理解等高级认知技能方面存在局限性。

（二）客观测验项目的形式及其编制

客观测验项目虽然形式多样，但共通之处在于答案的明确与唯一性。在编制客观测验项目时，教师应着重考量以下几个方面。

（1）明确性。确保题目表述清晰无误，避免存在任何歧义或模糊之处，以使学生准确理解测验要求。例如，在选择题设计上，每个选项均须完整且相互独立，以免误导学生。

（2）代表性。题目应紧密围绕课程核心知识点与关键技能，全面覆盖教学内容，从而有效评估学生的学习成效。这需要教师深入分析课程大纲与学习目标，精准把握测评重点。

（3）合理性。难度设置需恰到好处，既不过于简单以致无法区分能力差异，也不过于艰涩而使多数学生望而却步。同时，剔除偏见与无关信息，确保题目纯净无干扰。

（4）多样性。题目设计虽然以选择题、判断题为主，但也可以融入填空题、匹配题等多种形式，以多维度考查学生的认知能力。此举不仅丰富了测验内容，还能激发学生的参与兴趣，减轻答题疲劳。

（5）有效性。题目设计应直击目标知识点，精准评估学生掌握程度。通过预测试、专家评审及相关性分析等手段，严格把关题目质量，确保测验结果真实可靠。

三、标准测验

（一）标准化过程与测验的可靠性

标准测验的标准化流程是保障其可靠性的基础，该流程贯穿于测验设计、实施、评分及解释的全过程。在设计阶段，题目历经严谨审查，确保契合既定的教育与心理测量准则，此环节包括预测试，旨在评估题目的难度、区分力及与课程内容的关联性，进而依据反馈精选并优化题目，以提升测验品质。在实施阶段，要遵循统一的指导原则与操作规范，旨在减少测试环境差异对结果的影响，明确测试时间、地点及监考要求等细节。至于评分与解释，则采用标准化的评分体系，确保不同评分主体对同一答案评判的一致性，从而确保数据的信度与效度。这一系列标准化举措共同铸就了标准测验的高可靠性，为教育决策及个体学习成效评估提供了坚实的数据支撑。

（二）测验内容的广泛性与适用性

鉴于其服务对象的多元性，测验设计紧密围绕全面的课程标准与学习目标，旨在跨越不同认知领域与技能范畴，以满足多样化教育背景与个性化学习需求。在此过程中，尤为注重文化多样性与社会公平性的融入，力求避免任何因文化偏见或社会差异导致的不公，确保每名学生都能在无偏见的测试环境中展现真实水平。为实现这一目标，测验内容编制者需深入调研与分析，精心打造既具有普适性又兼顾公正性的测验内容，进而为教育者提供学生学业成就的全方位洞察，助力其精准识别学生的优势与短板，从而实施更加精准有效的教学指导与学习支持策略。

（三）测验结果的解释与应用

标准测验结果不仅为学生反馈了学业表现的真实镜像，更为教师、学校及教育决策者提供了宝贵的数据支撑。在解读测验结果时，务必综合考虑测验的信度与效度，以及学生背景、测试环境、个体差异等多重潜在影响因素。教师应精通数据解读之道，精准把握每名学生的学习需求，量身定制个性化教学方案与干预措施。同时，学校与教育行政部门可依托标准测验数据，深入评估教学质量、优化课程结构、合理配置教育资源，从而驱动教育体系的持续精进与革新，共同推动教育事业的蓬勃发展。

四、人格测验

人格作为个体心理特征的集合体，是在生理基础之上，经由家庭熏陶、同伴影响、学校教育及社会环境的共同塑造而形成的，涵盖了兴趣、爱好、习惯、性格、态度、道德观念及信念体系等多方面。教育领域普遍认同，教育的核心使命之一便是培育学生健全的人格，引导其人格特质全面而健康的发展。这意味着，教学活动应致力于促进学生人格特征的积极演变，无论是深化兴趣、优化习惯，还是强化正面性格与道德观念。为实现这一目标，教师需密切关注学生人格的成长轨迹，并可借助人格测验这一工具，精准把握学生复杂多变的人格特征，以科学的方法辅助教育实践的深入与精细化。

（一）自陈式人格测验

自陈式人格测验是一种基于个体自我认知的评估方法，要求受测者根据自身感受对一系列描述人格特质的陈述进行判断。该测验形式普遍采用多项选择题或量表，如经典的艾森克人格问卷（EPQ）和五因素人格问卷（NEO-PI-R），操作简便，且能迅速累积大量数据。然而，其局限性在于可能受到社会期望效应的影响，即受测者倾向于按照社会普遍认可的标准而非个人真实体验作答，从而影响结果的客观性。

（二）兴趣测验

职业兴趣测验专注于个体在职业领域内的兴趣倾向与潜能，通过一系列与职业活动相关的问题，如斯特朗兴趣测验（Strong interest inventory），帮助个体识别自身的兴趣所在，进而指导其职业规划与课程选择。值得注意的是，兴趣并非固定不变，它可能随着个人经历的增长和外界环境的变化而有所调整。

（三）态度测验

态度测验旨在深入剖析个体对特定事物、事件或观念的看法及情感倾向。该测验形式多样，涵盖问卷、访谈及观察等多种方法，如采用态度量表或语义差异技术进行评估。测验结果对于理解个体的价值观、信念体系及社会行为模式具有重要意义。但需注意，态度测验的结果同样可能受到特定情境与文化背景因素的制约和影响。

（四）价值测验

价值测验专注于探讨个体的核心价值观与生活指导原则，通过一系列精心设计的问题，引导受测者表达对于家庭、职业、社会公正等多个维度的看法与态度，如罗氏价值调查表（RVS）便是此类测验的典范。此类测验不仅有助于揭示个体的内在驱动力与决策基础，还在解释结果时强调了考虑个体差异与文化背景多样性的重要性。

（五）行为观察

行为观察作为一种直接且客观的评估手段，侧重于在特定情境下记录与分析个体的实际行为表现。无论是自然环境中发生的真实互动，还是实验室条件下模拟的场景，行为观察都能提供宝贵的第一手资料，帮助理解个体的性格特征与社会适应能力。然而，该方法要求投入较长的时间与精力，并需具备精细的记录与分析能力。

（六）投射人格测验

投射人格测验采用一种独特的方法，通过向受测者呈现模糊或开放性的刺激材料（如墨迹图案、无结构图像等），观察其对这些材料的反应与解释，以此窥探其潜意识层面的人格特质与心理状态。罗夏克墨迹测验（Rorschach inkblot test）便是此类测验的杰出代表。这一方法基于个体反应中的投射现象，认为受测者的解释与联想能够映射出其内心世界，包括深层的心理冲突与未满足的愿望。然而，准确解读投射测验的结果需要深厚的心理学专业知识与丰富的临床经验支持。

❯❯ 第三节　常用的评定方法

一、形成性评定法

形成性评定（formative assessment）是一种贯穿整个教学过程的以学生为中心的评价机制，其核心在于通过持续、即时的反馈，促进学生深入理解学习内容，进而有效提升学习效率。这种评估方式不仅关注学生的学习成果，更重视学习过程本身，旨在构建一条动态调整、持续优化的学习路径，确保每名学生都能在个性化指导下实现最快成长。

（一）形成性评定的定义与目的

形成性评定是一种动态的教学评估手段，贯穿于教学活动的始终。它要求教师灵活地运用多种方法，系统地收集并分析学生学习过程中的各项信息，旨在精准把握学生对教学内容的理解深度与掌握程度。与侧重于最终学习成果的总结性评定不同，形成性评定更侧重于对学习过程的连续监测与适时调整，确保教学活动能够根据学生的实际需求与进展灵活应变，持续优化教学策略，最终实现教学质量的稳步提升。

形成性评定的主要目的涵盖以下三个方面。

1. 即时反馈

通过形成性评定，学生能够获得关于学习进展与理解程度的即时反馈，这有助于他们及时了解自己的学习状态，发现自身在知识掌握上的不足。

2. 个性化学习指导

形成性评定机制不仅限于提供反馈，更在于协助学生精准识别学习过程中的难点与挑战，进而指导他们采用更加有效且适合自身特点的学习策略，促进自主学习能力的提升。

3. 动态教学调整

形成性评定使教师能够基于学生的具体表现，灵活调整教学策略与内容，确保教学活动紧密贴合学生的实际需求与能力水平，实现因材施教，优化教学效果。

（二）形成性评定的特点

1. 持续性

形成性评定并非孤立或偶发的事件，而是一个贯穿整个学习周期的持续过程。它伴随着学生的学习进展，不断为其提供及时的评估与反馈。

2. 灵活性与多样性

评定形式不拘一格，展现出高度的非正式性。这包括但不限于口头提问、小组讨论、即时课堂练习等互动环节，旨在通过多样化的评估手段来全面了解学生的学习状态。

3. 互动性强化

形成性评定的核心在于促进师生之间的积极互动。这种互动不仅限于知识层面的交流，更涉及学习策略、问题解决方法的探讨，共同营造一个动态、参与性强的学习环境。

4. 个性化关注

形成性评定体系深刻认识到每名学生的独特性，强调针对个体差异提供定制化的反馈与支持。这意味着评估结果将用于识别每名学生的特定需求，并据此调整教学策略，以最大化他们各自的学习成效。

5. 改进导向性

形成性评定的最终目的并非仅仅作为对学生表现的简单评判，而是致力于通过持续的评估与反馈循环，推动学生学习成效的提升与教师教学方法的改进。它是一个面向未来的过程，旨在不断优化教育实践，确保教学活动始终以学生为中心，满足其成长与发展的需要。

（三）形成性评定的方法

1. 课堂观察

教师细致观察学生在课堂上的表现，重点关注其学习态度、参与程度以及对教学内容的理解情况。这种直接观察为教师提供了关于学生学习动态的即时反馈。

2. 即时提问

通过精心设计的问题，教师在课堂中随机提问学生，以此检验他们对知识点的掌握程度，并激发他们的深度思考，促进知识的内化与应用。

3. 小组讨论评估

组织小组合作学习活动，教师在讨论过程中观察学生的互动模式、团队协作能力以及他们对讨论主题的理解深度，从而评估其综合素质。

4. 同伴互评

鼓励学生参与同伴评价，这不仅能够提升评价的多元性和客观性，还有助于培养学生的批判性思维能力、沟通技巧及同理心。

5. 自我反思与评价

引导学生定期进行自我反思，评价自己的学习进展、遇到的挑战及取得的成就，以此培养其自主学习和自我监控的能力。

6. 针对性课堂练习

设计目标明确、难度适中的课堂练习，让学生在实践中巩固所学知识，同时教师可根据练习完成情况收集学生的学习表现数据。

7. 学习日志审阅

要求学生记录学习过程中的思考、感受与收获，教师通过审阅这些学习日志，深入了解学生的学习路径、难点及进步空间，为个性化指导提供依据。

8. 微测验实施

在教学过程中穿插简短而高效的微测验，快速检测学生对特定知识点的掌握情况，及时调整教学策略，以满足学生的学习需求。

（四）形成性评定的实施步骤

1. 确立明确目标

在进行评定之前，教师应清晰界定评定的具体目标与预期成果，确保评定活动紧密围绕教学目标展开。

2. 精选评定方法

基于教学内容的特性及学生的个体差异，精心选择最适合的形成性评定方法，以确保评估的有效性和针对性。

3. 系统收集数据

通过多种渠道，如课堂观察、口头提问、小组讨论、课堂练习等，全面且系统地收集学生的学习表现数据，为后续分析奠定坚实基础。

4. 深入分析数据

运用科学的方法对收集到的数据进行深入分析，准确识别学生在学习过程中遇到的挑战与需求，明确其优势与不足。

5. 提供个性化反馈

基于数据分析结果，为学生提供及时、具体且具有建设性的反馈，旨在帮助学生明确改进方向，促进其自主学习与发展。

6. 灵活调整教学

根据反馈情况，灵活调整教学策略与内容，确保教学活动更加贴合学生的实际需求与能力水平，促进每名学生的个性化成长。

7. 持续监控进展

将形成性评定视为一个持续进行的过程，定期监控学生的学习进展，确保评定活动的连贯性与有效性，为教学的持续优化提供有力支持。

（五）形成性评定的挑战与策略

1. 时间规划与效率提升

鉴于形成性评定要求教师投入更多的时间与精力，合理的时间管理与效率提升策略尤为重要。教师应制订清晰的时间规划，确保评定活动既能深入细致又不占用过多不必要的时间，同时探索高效的评定方法以优化流程。

2. 专业技能的培养与精进

为了有效开展形成性评定，教师需要不断提升自身相关技能，包括但不限于敏锐的课堂观察能力、精准的提问技巧及科学的数据分析能力。这些技能的掌握与应用，将直接影响评定的质量与效果。

3. 学生主体性的激发与培养

鼓励学生积极参与形成性评定过程，不仅是评定活动的重要组成部分，也是培养学生自我监控与反思能力的有效途径。教师应设计互动性强的评定环节，引导学生主动反思学习表现，促进其自主学习与成长。

4. 教育技术的融合与创新

在数字化时代，充分利用教育技术工具，如在线反馈系统、学习管理系统等，能够显著地提升评定工作的效率与效果。教师应积极探索并实践这些新兴工具，将其融入形成性评定流程，为学生提供更加丰富、便捷、个性化的学习支持。

二、总结性评定

总结性评定（summative assessment）是教学周期尾声的关键评估手段，

旨在全面审视学生在特定学习阶段内所取得的成果与理解水平。这一评估方法不仅衡量了学生对课程内容的掌握程度，还直接关系到学生的最终学业成绩与评价，为学生整个学习旅程画上了一个阶段性的句号。以下是对总结性评定法的详细介绍。

（一）总结性评定的定义

总结性评定作为衡量学生学习成效的关键环节，于教学周期的尾声展开，其核心在于精确评估学生对整个学习阶段所授内容的掌握深度与广度。此评定不仅直接关联至学生的最终学业成绩，更是学生、家长及教育者洞悉学习成效、明确进步方向的重要窗口，对于公开教育透明度与促进个性化教学具有重要意义。

（二）总结性评定的目的

1. 评估学习成效

总结性评定的首要目的是全面衡量学生对教学内容的掌握程度与理解深度，确保学习成果得到客观、准确的评价。

2. 成绩评定与等级划分

通过总结性评定，为学生提供一个具体的学习成果量化指标，即成绩与等级，以此作为学生学业成就的直接体现。

3. 教学效果反馈

总结性评定结果不仅是对学生学习成果的检验，也是对教师教学方法、教学材料有效性的一次重要反馈，有助于教师调整教学策略，优化教学资源。

4. 指导后续学习规划

基于评定结果，学生、家长及教育者能够共同分析学习中的强项与弱项，为学生制订更具针对性的学习计划，提供改进学习策略的有效建议，促进后续学习的持续发展。

（三）总结性评定的特点

1. 正式性

总结性评定作为一种评估手段，通常采用正式的考试或评估流程进行，以确保评估过程的规范性和结果的权威性。

2. 全面性

评定内容广泛而深入，旨在全面检验学生在整个教学周期内所学习的所有核心知识点与技能，以体现其综合学习成效。

3. 终结性

作为教学周期的尾声，总结性评定扮演着终结性总结的角色，其结果直接关联并决定学生的最终学业成绩，为学生的学习旅程画上阶段性句号。

4. 标准化

为确保评估的公平性与一致性，总结性评定的方法与标准需遵循严格的标准化流程，从试题设计、评分规则到实施过程，均力求做到科学、客观与统一。

（四）总结性评定的方法

1. 书面考试

作为一种经典的评估方式，书面考试涵盖了选择题、填空题、简答题及论述题等多种形式，全面考查学生的知识记忆、理解深度及书面表达能力。

2. 口试

口试是通过即时问答环节，直接检验学生的即时理解能力、逻辑思维能力及口头表达能力，为学生提供一个展现自我见解与思考过程的平台。

3. 项目作业

学生需独立完成或团队协作完成特定项目作业，此过程不仅考验学生的知识综合运用能力，而且注重培养学生的实践操作能力、团队协作与问题解决技巧。

4. 表现性评定

表现性评定是将学生置于模拟或真实情境中，通过观察其在特定任务或挑战中的表现，评估其技能掌握程度、知识应用能力及应变能力，实现对学生综合素质的全面审视。

5. 标准化测试

标准化测试采用经过严格设计与验证的标准化测试工具，确保评估过程的一致性与公正性，为不同学生提供可比较的评估结果，被广泛地应用于大规模教育评价中。

（五）总结性评定的实施步骤

1. 明确评定目标

明确评定的具体范围与核心目标，确保这些目标与既定的教学目标紧密契合，以促进教学效果的有效评估。

2. 设计评定工具

依据已确立的评定目标，精心策划考试题目，制订科学合理的评分标准，并选用适宜的评估工具，确保评定过程的严谨性与公正性。

3. 准备评定环境

为评定活动营造一个公平、安全且有利于学生充分展示自身能力的环境，确保每名学生都能在最佳状态下参与评定。

4. 进行评定

在规定的时间框架内，严格按照既定流程进行评定，确保所有学生均在同等条件下接受评估，以维护评定的公正性与有效性。

5. 评分和分析

依据预先设定的评分标准，对评定结果进行细致、准确的评分，并运用数据分析工具对评分结果进行深度剖析，以揭示学生的学习成效与潜在问题。

6. 提供反馈

及时将评定结果及建设性反馈传达给学生，帮助他们清晰地了解自己的表现优劣，明确改进方向。

7. 记录和报告

将评定结果全面、系统地记录在学生的学业档案中，并根据需要编制详尽的报告，为后续的教学调整与个性化指导提供依据。

（六）总结性评定的挑战

1. 时间压力

在总结性评定过程中，学生可能面临时间管理的压力。这种压力可能会干扰学生的正常发挥，影响实际表现水平。

2. 焦虑和紧张

考试环境本身可能引发学生的焦虑与紧张情绪，这种心理状态会削弱学生的注意力与思考能力，对评定结果产生不利影响。

3. 公平性问题

确保评定的公平性至关重要。它要求为所有学生提供均等的测试机会与条件，避免任何可能的不平等因素干扰评定结果的客观性。

4. 评估的全面性

评定设计需充分考虑其全面性，确保评估内容能够全面覆盖学生的学习成果，反映学生在知识掌握、技能应用及综合素质等多方面的表现。

（七）总结性评定的策略

1. 多样化评定内容

通过结合多种类型的题目和任务（如选择题、论述题、项目作业等），全面而深入地评估学生的学习成果，确保评价维度的广泛覆盖。

2. 明确评分标准

确立清晰、具体且公正的评分标准，确保评分过程有据可依，便于学生和教师共同理解与遵循，增强评定的公信力。

3. 减少考试焦虑

通过实施有效的考前辅导与心理支持策略，帮助学生建立积极的考试态度，减轻其因考试而产生的焦虑情绪，促进最佳表现的实现。

4. 提供足够的准备时间

合理安排评定日程，给予学生足够的时间来准备评定内容，确保每名学生都能有充分的机会展示自己的学习成果与能力。

5. 利用技术工具

充分利用在线测试平台、电子评分系统等现代教育技术手段，提升评定的效率与准确性，同时为学生提供更加便捷、个性化的评估体验。

三、诊断性评定

诊断性评定（diagnostic assessment）是一种前瞻性的教育评估手段，于教学活动启动之初或教学进程中的关键节点实施。其核心在于精准识别每名学生的学习需求、优势领域、潜在弱点及可能面临的问题，为教师描绘出学生的个性化学习画像。这一过程不仅为教师提供了洞悉学生起点的宝贵视角，还促使教师能够有针对性地设计个性化的教学方案，灵活调整教学策略，确保教学活动紧密贴合每名学生的独特需求，从而有效地提升教学质量与学习成效。以下是对诊断性评定法的详细介绍。

（一）诊断性评定的定义

诊断性评定旨在深入剖析学生的既有知识基础、技能掌握程度以及独特的学习风格，为教师绘制一幅详尽的学生能力图谱。基于这一图谱，教师能够量体裁衣，设计出更加贴合学生个体差异的教学计划，确保教学活动有的放矢，有效促进学生全面发展。

（二）诊断性评定的目的

1. 识别学习需求

明确学生在学习特定课程内容之前所具备的知识基础与技能水平，以便为后续教学提供精准定位。

2. 确定教学起点

基于对学生学习需求的精准把握，为每名学生设定个性化的教学起点，确保教学内容既能承接学生现有水平，又能有效引领其向更高层次迈进。

3. 识别学习障碍

在诊断过程中，需细心观察与评估，以发现可能阻碍学生学习进步的潜在障碍与具体困难，为后续的教学干预与支持提供依据。

4. 指导教学策略

根据诊断性评定的结果，教师应灵活调整教学方法与材料选择，确保教学策略能够精准对接学生的个性化需求，促进其全面发展与成长。

（三）诊断性评定的特点

1. 针对性

诊断性评定专注于学生的具体学习问题与个性化需求，通过细致入微的评估，准确地识别出每名学生在不同学习领域面临的独特挑战与需求。

2. 预测性

诊断性评定不仅限于当前状态的评估，还通过深入的数据分析，对未来学习中学生可能遇到的困难进行前瞻性预测，为教师提供预警与干预的依据。

3. 指导性

评定结果直接服务于教学规划，为教师量身定制个性化的教学计划提供了有力支持，指导其采取更加有效的教学策略，以满足学生的特定学习需求。

4. 灵活性

诊断性评定展现出高度的适应性，它能够灵活适应不同的教学目标、课程内容及多样化的学生群体，确保评估过程与结果的针对性和有效性。

（四）诊断性评定的方法

1. 预测试

在教学活动启动之前，实施预测试，以全面了解学生的基础知识掌握程度与学习初始能力，为后续教学设定合理的起点。

2. 能力测试

针对特定学科或技能领域，设计并实施能力测试，精确评估学生在该领域的能力水平，为差异化教学提供依据。

3. 需求分析

通过发放问卷、开展个别访谈等多种形式，系统收集并分析学生的学习需求与期望，确保教学活动贴近学生实际。

4. 观察记录

在日常教学过程中，持续观察学生的课堂表现与互动行为，细致记录并分析，以揭示其独特的学习风格与习惯。

5. 学习日志分析

引导学生撰写并提交学习日志，随后进行深度分析，不仅关注学习成果，更重视学习过程中的思考、尝试与挑战，以全面了解学生的学习轨迹与难点。

6. 作品评价

组织专业评审团队，对学生的创意作品集进行全面而细致的评估，重点考查其创新思维、问题解决策略及实践能力，鼓励学生展现个性与才华。

（五）诊断性评定的实施步骤

1. 确定评定目标

清晰界定诊断性评定预期要达成的目标，确保评估活动有的放矢，服务于整体教学规划。

2. 选择评定工具

依据已确立的评估目标，精心挑选最适合的评估工具与方法，确保评估手段的有效性与针对性。

3. 收集数据

通过多种渠道，如标准化测试、问卷调查、深度访谈等，广泛而系统地收集学生的学习表现与相关数据，为后续分析奠定坚实基础。

4. 分析数据

运用科学的数据分析方法，深入挖掘收集到的信息，精准识别每名学生的学习需求、优势领域及潜在问题，为个性化教学提供依据。

5. 制订教学计划

基于数据分析结果，为学生量身定制个性化的教学计划，确保教学内容、方法及进度紧密贴合学生实际需求。

6. 实施教学

严格按照教学计划开展教学活动，同时保持灵活性，根据学生反馈与教学进展适时调整教学策略，确保教学效果最优化。

7. 持续评估

将诊断性评定融入整个教学过程，形成持续性的评估机制，定期监测学生的学习进展与变化，为教学调整与改进提供及时反馈。

（六）诊断性评定的挑战

1. 时间限制

诊断性评定虽然至关重要，但其执行往往需要占用额外的教学时间，而既定的教学时间表往往已相当紧凑。因此，如何有效管理时间，平衡诊断性评定与日常教学之间的关系，成为教师面临的一大挑战。

2. 资源限制

实施诊断性评定可能涉及特定的评估工具、材料或软件等资源，这些资源的获取与配置需纳入教学准备工作的考量之中。

3. 数据分析能力

教师需要具备一定的数据分析能力，能够准确解读评定数据背后的意义，并据此制订既符合学生实际又富有针对性的教学计划。

4. 学生参与度

部分学生可能对诊断性评定持保留或抵触态度，认为其增加了学习负担。因此，教师需要采取积极措施，如明确评定的目的与意义、设计有趣的评定环节等，以激发学生的参与热情和积极性。同时，教师应关注学生的情绪变化与反馈意见，及时调整评定策略与方法。

（七）诊断性评定的策略

1. 整合到教学中

为减轻额外时间负担，教师应巧妙地将诊断性评定融入日常教学流程，使之成为教学过程中的有机组成部分，确保评定的实施不会干扰正常的教学秩序。

2. 使用现有资源

在进行诊断性评定时，教师应充分挖掘并利用现有的教学材料与工具，通过创新性的设计，使这些资源在评定过程中发挥最大效用，减少额外资源的采购与配置成本。

3. 提高数据分析能力

鉴于数据分析在诊断性评定中的重要性，教师应积极参与专业发展活动，不断提升自身的数据分析能力，确保能够准确解读评定数据，为教学决策提供有力支持。

4. 鼓励学生参与

通过清晰阐述诊断性评定的目的、意义及对学生个人成长的积极影响，教师应努力消除学生的顾虑与抵触情绪，激发其主动参与评定的积极性，形成良好的评定氛围。

5. 利用技术工具

充分利用在线评估工具与数据分析软件等现代技术手段，不仅可以提高评定的效率与准确性，还能为学生提供更加便捷、个性化的评估体验，促进评定工作的顺利开展。

第七章　品德心理与教学心理

》》第一节　品德心理及其教育

一、品德概述

（一）品德含义分析

1. 道德的含义

道德是一种深刻的社会意识观念，它不仅是人们共同生活的基础，也是指导个体行为的准则与规范。道德的核心在于反映并引领社会的正面价值导向，是衡量行为正义与否的标尺。在中国传统文化的深厚土壤中，道德观念以仁义为核心，得以培育与传承。对于我国公民而言，应普遍遵循并积极倡导的基本道德规范可概括为"爱国守法、明礼诚信、团结友善、勤俭自强、敬业奉献"这二十字箴言。社会主义道德建设的蓝图明确以"为人民服务"为灵魂，以集体主义为根本原则，同时强调爱祖国、爱人民、爱劳动、爱科学、爱社会主义的基本要求。在具体实践中，这一蓝图细化为对文明礼貌、助人为乐等社会公德的弘扬，对爱岗敬业、诚实守信等职业道德的践行，以及对尊老爱幼、勤俭持家等家庭美德的培育。

2. 品德的含义

品德也称道德品质，是个人在遵循既定道德行为准则时展现出的稳定倾向与特质，是道德价值与规范在个体内心深处的内化体现。简言之，品德是个体道德修养的外在表现。例如，当学生在日常学习与生活中，能够持续遵循学生守则，展现出遵纪守法、勤勉向学、文明礼貌、团结协作、乐于助人、热爱劳动及诚实守信等优良行为时，我们即可判断该学生具备了上述良好品德。这不仅是学生个人素质的体现，也是社会道德风尚在个体层面的生动展现。

3. 道德与品德的关系

（1）道德与品德的联系。品德是道德在个人层面的具体展现，缺乏道德作为基础，个人的品德便无从谈起。社会道德唯有通过个体的品德实践，方能真正发挥其影响力，促进社会的和谐与进步。反之，个体的品德不仅塑造了个人的道德形象，更在一定程度上构建并影响着整个社会道德的风貌与氛围。

（2）道德与品德的区别。首先，两者的研究领域存在本质区别。道德作为社会现象，是规范人们行为的普遍准则，它超越了个体范畴，成为伦理学深入探索的对象。而品德则是这些道德规范在个体身上的个性化体现，关注个体如何内化并践行这些规范，因此成为教育学与心理学研究的焦点。其次，道德与品德的形成和发展条件迥异。道德的形成与演变深受社会发展规律的驱动，具有鲜明的社会历史性与阶级特性，其变迁不以个体品德的存在与否为转移。相较之下，品德的塑造虽然同样受到社会环境的深刻影响，但也紧密关联于个体的生理与心理发展状态，使得即使在相似的社会、教育背景下，不同个体的品德表现也可能大相径庭。最后，从内容层面审视，道德与品德也有所区别。道德构成了一个完整且系统的社会伦理行为规范体系，包括广泛的行为准则与价值导向。而品德是这一体系中个体所选择并践行的特定部分，是道德在个人生活中的具体投影与实践结果。

（二）品德的心理结构

关于品德的心理结构包含哪几种心理成分，有二因素说、三因素说、四因素说等多种观点，其间虽然有些差别，但实际上是可以相容的。一般采用的是知、情、意、行的四因素说。

1. 道德认知

道德认知是个体对道德行为及其深远意义的深刻理解与把握，它构成了品德心理结构的基础。这一过程涵盖了从道德印象的初步形成，到道德概念的精确掌握，再到道德评价与判断能力的逐步成熟，最终促成道德观念与信念的稳固建立。道德认知不仅为品德的发展提供了理性基础，还深刻影响着个体的道德情感、意志及行为，起着至关重要的指导、调节与控制作用。

2. 道德情感

道德情感是道德认知的自然延伸，是个体在道德认识基础上产生的深刻内心体验。当个人行为符合其内心确立的道德准则、信念或需求时，往往会激发出满意、欣慰、振奋等积极情感；反之，可能引发不满、羞愧、厌恶等负面情绪。这种情感的波动，不仅反映了个体对道德价值的内在认同度，也是激励或约束个体行为的重要动力。

3. 道德意志

道德意志是个体在追求道德目标过程中，展现出的一种坚定决心与顽强毅力。它促使个体面对困难与挑战时，能够自觉地调整认知与情感，克服内外障碍，坚持道德信念，果断地作出行为选择，并保持行为的一致性与稳定性。道德意志不仅是道德认知向道德行为转化的关键桥梁，也是衡量个体道德成熟度的重要标志。

4. 道德行为

道德行为是品德的外在表现，是个体在道德信念指导下采取的具有明确道德意义的具体行动。它不仅体现了个体的道德认知与情感倾向，更是检验个体品德水平的直接依据。当道德行为成为一种长期、稳定、自动化的习惯时，便标志着个体品德的真正形成与巩固。在品德构成中，道德行为是不可或缺的一环，它要求个体将道德认知、情感与意志转化为实际行动，积极履行道德义务，参与道德实践，从而实现品德的全面发展。

二、品德教育

品德心理结构的四大要素——道德认知、道德情感、道德意志与道德行为——彼此间紧密相连、相互渗透、相互影响，共同构成一个有机整体，缺一不可。这一结构为品德教育提供了坚实的理论基础，深刻诠释了"晓之以理、动之以情、导之以行、持之以恒"的教育理念。在培育品德过程中，确保这四大要素的协调与均衡发展至关重要，任何一方面的缺失或失衡都可能导致品德结构的不完整，进而阻碍个体品德的全面成长。因此，品德教育需全面兼顾认知的启迪、情感的激发、意志的磨砺与行为的引导，并通过持续不懈的努力，促进品德结构的不断完善与提升。

（一）道德认知的培养与教育

1. 道德认知的维度与内容

道德认知在结构上可划分为感性与理性两个层面。感性层面侧重于道德生活中的直观感受与体验，而理性层面则强调运用道德概念和规范进行逻辑分析与价值判断。从内容视角审视，道德认知涵盖道德理论认知、社会道德认知及自我道德认知三大板块。道德理论认知深入道德的本质，探讨道德概念、原理、规律及修养等基础理论；社会道德认知有关于社会层面的道德要求、关系、原则、规范及现象；自我道德认知引导个体反思自身的道德义务、责任感、道德境界及修养路径。

道德认知的形成是一个循序渐进的过程，它始于道德知识的积累，经由道德评价能力的提升，最终促成道德信念的确立。道德知识是人们对道德领域直接经验与间接经验的整合，是对道德关系、道德生活及社会行为价值的理性提炼。道德评价基于特定社会或阶级的道德标准，对行为赋予善恶、荣辱等道德价值判断，通过社会舆论引导个体行为向善。道德信念是道德认知的升华，它是个体在强烈道德情感驱动下，对道德理想的坚定信仰与对道德责任的深刻认同，具有高度的稳定性与持久性。

2. 道德认知的发展阶段

学生对道德知识的掌握，通常始于对道德概念的初步接触与理解。这一过程呈现出由个别到全面、由具体到抽象的渐进趋势，具体可分为几个发展阶段：首先，学生可能仅能对道德概念进行同语反复或无法给出明确回答，表现出认知的模糊性；其次，学生能够指出与道德概念相关的个别现象，但认知仍停留在具体而零散的层面；再次，学生尝试给出定义，但可能因理解不足而显得不够完善或存在偏差；最后，随着认知的深化，学生能够形成较为全面且准确的道德概念理解。这一发展过程体现了学生道德认知能力的逐步提升与成熟。

3. 道德认知的培养与教育分析

（1）引导学生掌握正确的道德观念。

① 强化感性体验，深化道德理解。为使学生深刻领悟道德要求的真谛，必须从实践中汲取养分。无论是通过个体的亲身体验还是集体的共同探索，当学生能亲自证实并感受到道德准则的正确性时，他们方能跨越感性认识的界限，迈向理性认识的殿堂，从而实现对道德概念的全面且深刻的理解。这一过程不仅是知识的积累，更是心灵的触动与智慧的启迪。

② 构建统一道德教育体系，稳固学生价值标准。为确保道德教育的有效性与连贯性，学校、家庭与社会需携手合作，共同维护道德规范的统一性与一致性。学校应为学生设定清晰、具体的道德准则，并确保这些准则在教育过程

中保持恒定，避免频繁变动带来的困惑与混乱。同时，学校应积极寻求与家庭、社会的紧密合作，确保道德教育在不同环境中得到一致的传达与强化，而非相互冲突或削弱。唯有如此，方能为学生营造一个和谐统一的道德教育氛围，帮助他们构建起稳固的是非善恶观念，为未来的成长奠定坚实的道德基础。

（2）提升道德评价能力。在道德教育中，强化道德评价能力是至关重要的环节。教师应发挥榜样作用，通过典型事例进行简明而准确的道德评价示范，引导学生树立正确的评价标准。同时，注重培养学生自我评价的能力，鼓励学生不仅学会评判他人行为，更要能够客观审视自我，实现从他人评价到自我评价的自然过渡。鉴于学生往往对他人的评价更为敏锐，而对自我评价则稍显滞后，教师应特别关注这一差异，设计有针对性的教学活动，促进学生自我评价技能的提升。

（3）铸就坚定的道德信念。道德信念的培育远非单纯的知识传授所能达成的，它需要情感、意志与行为的全面融合。在丰富学生道德认知的同时，还需要激发他们的道德情感，锻炼其道德意志，使他们在实践中积累道德行为的宝贵经验，逐步形成良好的道德行为习惯。只有当道德知识内化为学生的坚定信仰，指导其日常行动时，才能真正转化为道德信念。因此，教师应设计多样化的实践活动，让学生在体验中成长、在成长中坚信，最终铸就坚不可摧的道德信念。

（二）道德情感的培养与教育

1. 道德情感的内容

道德情感是道德认知与道德信念的深刻体现，紧密交织于个体的内心世界，其特性兼具社会历史性与阶级性。爱国主义、国际主义及集体主义等情感，正是道德情感在不同历史背景下对特定社会关系的独特反映。当道德情感与个体的道德判断相契合时，将激发积极而稳定的内心体验；反之，可能引发消极与不安。道德情感的内涵丰富多元，涵盖正义感、责任感、义务感、集体荣誉感、崇高感、荣辱感乃至厌恶感诸多层面。它不仅通过情绪的自然流露（如表情与动作）传递深刻的道德信息，彰显个体对道德行为的鲜明态度，还能以特定的情绪力量，强化或调整自我及他人的道德观念与行为实践，从而在潜移默化中塑造与巩固社会的道德风貌。

2. 道德情感的发展

学生道德情感的发展主要有以下特点。

（1）道德情感内容的多元化扩展。学生入学后，在教育环境熏陶下，其道德情感的内容经历了显著的丰富过程。在语文课堂上，英雄人物的壮举、劳动模范的勤勉以及科学家的探索精神，成为触动学生心灵的源泉，激发了他们内心深处的道德共鸣。历史课堂带领学生领略祖国灿烂的文化遗产，增强了其对民族文化的认同与自豪。地理课堂通过展示祖国的辽阔疆域与丰富资源，进一步地激发了学生的爱国情怀。此外，通过参与班级、少先队及团体活动，让学生在实践中体验了集体的温暖，强化了责任感与义务感。

（2）道德情感深度的逐步提升。学生的道德情感发展轨迹，清晰地呈现出由表面化、易冲动向深刻化、稳定性的转变。在人际交往中，他们对友谊的理解日益深刻，能够建立起更加坚固和持久的友情纽带。同时，这种情感的深化也体现在更广泛的情感领域，学生不仅能够自然而然地表达对父母、班级、学校的热爱，更能将这种情感升华为对家乡、祖国、人民的深厚情感，展现出更加成熟和理性的道德情感风貌。

（3）道德情感展现形式的发展。道德情感的展现形式可以被细致划分为直觉的道德情感、想象的道德情感以及伦理的道德情感。这三者共同勾勒出道德情感发展的脉络。

① 直觉的道德情感。它源自个体对道德情境的直接感知，其发生往往迅捷而突然，对明确的道德准则意识可能并不显著。这种情感如同瞬时的指南针，迅速为人的行为指明方向，既可能导向道德的抉择，也可能在冲动中偏离正轨，甚至滑向消极。然而，其根源深植于个人过往的经验与累积的道德认知之中，是潜意识中对善恶、美丑的本能反应。

② 想象的道德情感。它是道德形象在心灵舞台上的生动演绎。人们通过想象，将道德典范的形象、事迹或场景内化为自身的情感体验，产生共鸣，深受感染。这种情感不仅丰富了道德情感的内涵，也增强了其感染力和影响力，使人们在想象中体验高尚、在共鸣中升华精神。

③ 伦理的道德情感。它是道德情感发展的高级阶段，要求个体清晰地认识到道德理论、道德要求及其背后的深远意义，将道德认知与情感体验紧密结合，形成稳定而深沉的道德情感。这种情感具有高度的自觉性和概括性，能够跨越具体情境的限制，对个体的道德行为产生持久而深远的影响。其形成与发展受到个体认知水平、心理成熟度、思想志向等多方面因素的共同塑造。

3. 道德情感的培养与教育分析

（1）构建多元化情境，强化正反行为体验与道德情感共鸣。在日常学习生活中，学生的行为表现多元，既有正面的典范，也有待改进之处。教师应巧妙地设计情境，让学生在其中体验并积累正反两面的行为经验。通过及时、具体的言语反馈——赞扬或建设性的批评，以及利用集体舆论的力量，对学生的行为进行客观评价，使学生能够迅速获得道德满足感或反思空间，从而激发积极的道德情感体验或促使情感调整。

（2）借助文艺作品与榜样力量，拓宽道德视野与情感体验。教师应充分利用优秀文艺作品和榜样人物的先进事迹，作为道德教育的生动教材。通过组织观看爱国主义影片、聆听先进人物事迹报告等活动，让学生在情感上产生共鸣，间接丰富其道德经验和情感体验。这些活动不仅能激发学生的爱国情感，还能提升他们对道德美、人性美的感知能力。

（3）深化道德认知，促进情感体验的概括与升华。在情感教育过程中，教师应注重将具体情感体验与道德要求的概念、观点相结合，引导学生从感性认识到理性认识的飞跃。通过"晓之以理、动之以情"的教育方式，学生在理解道德现象本质的基础上，将道德情感内化为一种自觉、稳定且具有激励作用的动力源泉。

（4）培养情感调节能力，促进学生情感成熟。针对青少年情感易波动的特点，教师应加强对学生情感自我调节能力的培养。通过教育引导学生认识到消极激情的不良后果，提高其预见能力。同时，教授学生有效的情感调节方法，如深呼吸、积极心理暗示等，帮助他们缓解、克服不良情绪，学会做自己情感的主人。

（5）强化同情心训练，丰富学生道德情感内涵。同情心是道德情感的重要组成部分，教师应通过设计情景模拟、角色扮演等活动，训练学生能够设身处地地体会他人的情感和需要。在面临道德情境时，能够更加敏锐地感知并分享他人的情感。这将有助于他们作出更加符合道德规范的行为选择，进一步地丰富其道德情感的内涵。

（三）道德意志的培养与教育

1. 道德意志的内容

道德意志通常表现为一个人的信心、决心和恒心。例如，有的学生虽然有了道德认识，也有道德行动的愿望，但由于意志力不强，不能产生相应的行为；有的学生虽然也能付诸实施，但由于缺乏毅力，不能坚持到底。

2. 道德意志的发展

（1）目的意识的觉醒：自觉性的深化。自觉性标志着个体在行动前能明确目标，深刻理解行动的意义，并主动使自身行为符合既定要求。这种能力促使人在追求目标过程中保持方向感与专注力，是高效行动与决策的重要基础。

（2）决策效率的提升：果断性的锤炼。果断性体现了个体在复杂情境中迅速判断、果断决策并有效执行的能力。它要求个体不仅要有清晰的是非观，还要具备迅速反应与行动的能力，是应对挑战、抓住机遇的关键品质。

（3）毅力与坚韧的铸就：坚持性的强化。坚持性作为意志品质的核心，强调个体在面对困难与挑战时的不屈不挠与持之以恒。它是学业成功与事业发展的重要保障，因为任何成就的取得都离不开长期的努力与坚持。

（4）情绪与行为的自我驾驭：自制力的精进。自制力是自我管理的高级表现，它要求个体能够灵活调控情绪，约束不当行为，以确保行动与目标的一致性。自制力强的人，能够抵御内外诱惑，保持冷静与理智，是自律与自我提升的典范。

3. 道德意志的培养与教育分析

（1）树立道德意志典范，激发自我锻炼意识。通过向学生阐述意志锻炼的重要性，并引入生动的道德意志榜样故事，可以激发学生的内在动力，使他们认识到意志培养的必要性和价值。同时，安伦富里德的研究结果启示我们，明确禁令背后的理由能够增强学生的行为控制力，从而促使他们更加自觉地投入意志锻炼中。

（2）实践磨砺意志，积累经验。意志的锤炼离不开实践的挑战。教师应精心设计一系列具有挑战性的日常实践活动，让学生在面对困难时学会坚持与克服。这些活动应既具有挑战性又符合学生的实际能力，以激发他们的内心矛盾与意志紧张，从而在实战中提升坚持性、自制力和抗诱惑能力。

（3）自律生活，铸就坚韧意志。良好的生活习惯是意志力的体现与培养土壤。鼓励学生遵循学生守则，严格自律，不仅有助于维护纪律和秩序，更能在日复一日的坚持中培养他们的自觉性和自制能力。通过自我检查、监督和评价，学生可以不断发现并改进自身的不足，逐步形成坚韧不拔的意志品质。

（4）因材施教，精准锤炼意志品质。鉴于学生间意志品质的差异性，教师应采取因材施教的方法，针对每名学生的具体情况制订个性化的意志锻炼计划。对于意志薄弱的学生，应重点培养他们的自觉性和原则性；对于过于冲动或犹豫的学生，需引导其形成大胆果断与沉着耐心的品质；对于缺乏积极性或自制力的学生，要激发他们的内在动力并提升行动控制能力；对于精力分散或缺乏毅力的学生，需不断激发其奋发向前的精神并培养其持之以恒的毅力。通过这样的精准施策，可以更有效地促进学生意志品质的全面发展。

（四）道德行为的培养与教育

1. 道德行为的内容

依据道德行为是否符合社会公认的道德原则与规范，可明确区分为道德行为、不道德行为及非道德行为三大类。道德行为作为正面典范，积极践行社会道德准则，广受社会赞誉；不道德行为公然违背这些原则，招致社会谴责。而介于二者之间的非道德行为，则因其既不出于道德考量，也不触及他人或社会利益，故而缺乏道德评价的价值，既非善也非恶。

2. 道德行为的发展

道德行为的发展轨迹鲜明地展现出三大趋势。首先，是由外部调控向内在自律的转变。初期，个体行为多受外界规范与奖惩机制的引导，随着道德认知的深化，逐渐转向内心的自我约束与调节。其次，是由简单向复杂、不稳定向稳定的演进。道德行为在内容与形式上不断丰富，结构日益复杂，同时稳定性与持久性也显著增强。最后，是言行一致与不一致的分化。在道德认知与行为的互动中，个体逐渐形成明确的道德原则与策略，尽管在实际操作中可能仍存言行不一的现象，但整体上呈现出更高的道德自律与一致性。

3. 道德行为的培养与教育分析

道德行为的培养与教育主要包括道德行为方式的掌握和道德行为习惯的养成两个方面。

（1）道德行为方式的掌握。道德行为方式的掌握，作为道德行为得以实施的前提与基础，其重要性不言而喻。它不仅要求个体理解并内化道德原则与规范，还需将这些认知转化为具体的行动指南，即掌握符合道德要求的行为方式。这一过程既是道德行为产生的必要条件，也是个体在道德实践中不断成长的起点。

（2）道德行为习惯的养成。道德行为习惯是道德行为在长时间重复与实践中形成的稳定模式，具有高度的自动化与一致性。它不仅是个人品德修养的外在体现，更是品德形成的重要标志。道德行为习惯的养成，意味着个体在面对道德情境时，能够不假思索地采取符合道德规范的行为方式，这种自动化的反应机制是道德内化的高级阶段，也是道德教育追求的终极目标之一。通过持续的练习与实践，个体可以逐步构建起稳固的道德行为习惯体系，为自身的全面发展奠定坚实的道德基础。

》》 第二节　教学心理

教学心理学是研究教学活动中心理现象与行为规律的学科，其兴起既是现代教学发展的必然产物，也是教学革新不可或缺的驱动力。该领域在于教师与学生的内心世界，揭示其在教学互动中的复杂心理机制与独特活动规律。它广泛涵盖教师心理调适、学生心理发展两大核心领域，并深入知识传授、课堂管理、教学效能展现、学习动力激发、教学要素协同以及学生智力启迪与品德塑造等多个维度。实践经验充分证明，教师对教学心理规律的深刻理解与恰当运用，是提升教学质量、确保教育成效的关键所在。因此，教学心理学的研究不仅是对教育本质的深刻洞察，更是推动教育现代化、促进学生全面发展的科学基础。

一、了解和利用教学心理学规律的意义

具体来讲，了解和利用教学心理学规律，有以下几方面重要意义。

（一）有助于掌握和运用教学规律，增强教学效果

教学心理规律是教学规律的关键组成部分与直观体现，其重要性不言而喻。教学活动的核心在于人的参与，即教师与学生的紧密互动。尽管教学活动遵循包括知识内在结构在内的多重规律，但所有这些规律的有效运用均须与教学心理规律紧密融合，尤其需依据学生的心理发展阶段与特点来精准施教。因此，掌握教学心理规律，实则是掌握并科学运用整体教学规律的必由之路。在纷繁复杂的人类活动中，心理因素（如动机、兴趣、性格、能力等）始终是影响效率的关键因素，教学活动也不例外。教师唯有深刻洞悉影响教学效果的各类心理因素，才能扬长避短，实现自我优化与提升；同时，准确把握学生的心理发展水平与个体差异，方能因材施教，以最适合学生的形式传授知识，并有效激发学生的内在动力，促进其积极、主动地参与教学过程。这一过程不仅

是教学艺术的展现，更是教育科学与人性关怀的完美融合，对于取得优质教学效果至关重要。

（二）有助于加强自我修养，提高教师自身素质

高质量的教学离不开高素质教师的支撑，而提升教师素质的关键在于深入理解和掌握教学心理规律。这不仅是教师素养的重要构成，也是其专业能力的直接体现。掌握教学心理规律，使教师能够精准预测、有效调控并充分利用教学中的各类心理因素，如通过遵循思维活动规律来深化学生的知识理解，培育其思维能力；依据记忆机制指导学生巩固所学；结合学生的心理发展阶段，科学规划教学内容与进度；依据情绪与情感的发展规律，引导学生形成积极向上的心态；依据学生的注意力特性，采取适宜的教学方法，以集中学生的注意力。此外，对教学心理规律的把握还能促使教师自我反思，发现自身不足，进而不断完善自我，优化教学策略。了解学生心理，有助于教师精准诊断教学问题；而洞悉教师心理，则能引导教师明确自我提升的方向，培养良好的职业素养与道德情操。总之，教学心理的深刻理解与掌握，是教师提升自我、精进教学的基础与前提。

（三）有助于选择教学方法，高效推进教学活动

教学方法的选择需兼顾科学性与灵活性，旨在最大限度地激发学生的学习热情与主动性，同时促进其心理品质的健康发展。正如"教无定法"所蕴含的深意，每种教学方法的实施均需考量教师个人风格、学生特质及教学内容等多维因素，以确保教学的个性化与有效性。在此过程中，深入理解和把握教师与学生的心理特点显得尤为重要。这不仅有助于教师将个人优势与学生需求相结合，设计出既符合学生心理需求又能充分发挥教师特长的教学策略，还能有效激发学生的内在动力，培养其良好的学习动机与兴趣。学生心理品质的培养需基于其现有的心理水平与发展规律，任何教学努力都应以此为出发点，避免脱离实际的盲目施教。例如，能力培养与知识传授需适应学生的智力发展水平，性格塑造需遵循心理发展阶段，动机激发需在学生现有动机基础上正向引导。总之，教师对教学心理特点的深刻理解与精准把握，是确保教学活动有的放矢、高效推进的关键所在。

二、教学心理与教学艺术的有机结合

教学心理与教学艺术的研究和应用有许多类似之处，二者的根本作用都是提高教学效果。我们把二者结合起来，对掌握教学艺术中的心理学问题加以阐述。具体来说，包括如下几方面内容。

（一）知识传授的艺术与心理学策略

从认知心理学视角出发，教师应遵循学生知识建构的心理规律，采用直观演示、情景模拟等策略，激发学生兴趣，促进其深度理解。同时，识别并解决学生在知识获取中的认知障碍，如误解、遗忘等，以提升知识传授的效果。

（二）教师心理修养与自我提升

教师应关注自身心理健康，通过情绪管理、压力调节等方法增强心理韧性。同时，培养教学反思习惯，不断提升教育理念、教学技能和职业道德水平，以高尚的师德引领学生成长。

（三）学生心理特征与个别差异的教学应用

深入分析学生的心理发展特点，识别不同学生的需求与优势，实施差异化教学。通过个性化辅导、小组合作学习等方式，满足学生多元发展需求，促进学生的全面发展。

（四）教学原则与方法的心理学考量

在选择和应用教学原则与方法时，教师应结合学生的心理特点，确保教学活动既符合教育规律又贴近学生实际。如运用启发式教学激发学生思考，采用合作学习的方式培养学生团队协作能力，体现教学的科学性与艺术性。

（五）课堂教学组织的心理学智慧

课堂教学组织应围绕学生的心理需求与认知特点展开，通过灵活多变的教学环节设计、清晰的指令与反馈机制，营造积极有序的学习氛围。同时，关注课堂互动中的心理动态，及时调整教学策略，确保教学活动高效运行。

（六）智力与非智力因素培养的心理学途径

教师应重视学生的智力开发与非智力因素（如情感、意志、性格等）的培养。通过设计富有挑战性的学习任务、鼓励创新思维等方式发展学生的智力。同时，通过榜样示范、情境体验等方法强化学生的责任感、自信心等非智力因素，促进学生全面发展。

（七）教学反馈与评价的心理学视角

教学反馈与评价应关注学生的心理感受和成长需求，采用正面激励、具体指导等策略，帮助学生认识自我、明确方向。教师应掌握有效的反馈与评价技巧，确保评价过程公正、客观，同时促进学生自我反思与持续改进。

（八）师生关系的社会心理学解读与处理艺术

良好的师生关系是教学成功的关键。教师应从社会心理学角度理解师生互动的复杂性，通过真诚沟通、尊重差异、共同成长等方式建立和谐的师生关系。同时，运用共情、倾听等技巧处理师生冲突，为教学创造积极的社会心理环境。

总之，教学心理与教学艺术是现代教学研究的重要课题，如何把二者更好地结合起来，既是每名教师的义务和责任，也是每名教师提高教学效果、达到教学过程最优化所面临和必须解决的问题，还是现代社会发展对现代教学的要求或社会和教育发展对每名教师的要求。处理好这个问题，就能处理好教学中的各类问题，顺利地完成现代教学任务，把学生培养成全面发展的社会有用之才。因此，每名教师都应高度重视这个问题，努力了解、研究教学心理，掌握并提高教学艺术水平。

≫≫ 第三节　教师心理

一、教师角色

社会角色是人在社会关系中的特定位置和与之相关的行为模式，它反映了社会赋予个人的身份与责任。在不同的时间和地点，人都在不停地扮演着不同的角色。在教育教学活动中，教师扮演着"教师"这个社会角色。

（一）教师角色内涵

在社会学语境下，角色概念指的是个体在社会结构中所处的位置、所扮演的功能角色，以及伴随而来的权利、义务与责任。它不仅仅是社会身份的象征，更是社会对个体行为模式的规范与期望。教师角色作为这一框架下的重要一环，明确界定了教师在教育系统中的身份、地位及其对社会所承担的责任。这一角色不仅体现了教师的专业价值和社会贡献，还映射出教师个人心理、行为模式如何与更广泛的社会群体心理、行为规范相互交织、相互影响。教师需遵循社会对这一角色的普遍期待，以专业能力和道德素养引领学生成长，其行为表现也因此成为衡量教育成效与社会认可度的重要指标。

（二）教师的职业角色

秉承我国悠久的文化与教育传统，教师自古以来便肩负着"传道、授业、解惑"的神圣使命。随着社会进步与学校功能的多元化发展，教师角色亦日益丰富与复杂，不再局限于单一的教学任务，而是扩展到学生全面发展、心理辅导、品德塑造等多个领域。现代教育心理学深刻认识到，教师作为社会不可或缺的角色，其职业素养的构成远超一般公民标准，除了良好的道德品质与公民责任感，更需具备教育领域的专业知识、教学技巧、情感智慧以及持续学习与自我反思的能力，这些特殊品质共同构成了现代教师职业的核心素养，确保了教育事业的蓬勃发展与学生个体的健康成长。具体说来，教师扮演的特殊的职业角色有以下几个。

1. 学习的指导者

现代教育心理学揭示，学习是一个主动构建知识体系的过程，而非被动接受。教师因此转型为学习的指导者与建构伙伴，旨在促进学生掌握基础知识与技能的同时，激发其自主学习能力，培养其持续学习的习惯与能力，确保学生能在未来社会中自主扩充知识库。在此过程中，教师需兼顾全体学生的全面发展，同时实施个性化教学，发掘并培养学生的独特潜能。

2. 班集体的领导者

苏联教育家马卡连柯的教育理念强调了教师作为班级领导者的重要性。教师需首先在课堂上建立秩序，培养学生的纪律意识；进而引领班级确立共同目标，构建积极向上的集体氛围。同时，通过精心选拔与培养学生干部，促进班级自治，形成良好班风，为学生提供一个和谐有序的成长环境。

3. 行为规范的示范者

教师是学生品德形成过程中的关键模仿对象。在传授社会价值观与行为规范的同时，教师更应注重自身行为的示范作用，通过身体力行为学生树立正面榜样。持续自我反省，不断提升个人道德修养与行为举止，成为学生可信赖与效仿的楷模。

4. 心理辅导者

面对现代社会带来的心理压力，教师成为学生的心理健康守护者至关重要。在日常教学中融入心理健康教育，营造包容和谐的学习氛围，同时掌握基本心理卫生知识，倾听学生心声，及时发现并协助解决学生的心理困扰，促进其情绪调节能力的发展。明确自身角色定位，重在预防而非治疗，必要时，引导学生寻求专业心理咨询。

5. 教育科研者

现代教育要求教师不仅是知识的传授者，更应是教育规律的探索者。面对教育改革中的挑战，教师应运用教育理论与心理学知识指导实践，同时勇于研究新问题，总结实践经验，提升为理论成果。培养问题意识，注重资料收集与反思，掌握科研方法，以科研促进教学，成为研究型教师，推动教育事业的持续发展。

二、教师教育能力

教师的综合能力直接关联着教育教学的成效与工作效率，是其专业素养的核心体现。一名优秀的教师，不仅需拥有渊博的知识储备，更需掌握一系列特定的教育能力，方能有效传递知识，激发学生潜能，并满怀热忱地投身于教育事业。随着现代科学技术与教育的迅猛发展，教育领域对教师的能力要求日益提升，超越了单纯的知识广度，更强调其在创新能力、信息技术应用、心理辅导、课程设计与实施、班级管理及教育科研等多方面的综合能力。这些特殊教育能力的具备，不仅是对教师个人成长的促进，更是提升整体教育质量、适应时代需求的关键所在。

一般来说，教师的教育能力包括教师的一般能力、教师的教学能力、教师对学生的思想品德教育能力和教师的组织管理能力。同时，应重视教师的专业成长。

（一）教师的一般能力

教师的一般能力是教师处理各种教育问题时必备的基本能力，包括观察力、记忆力和思维能力，其核心是思维能力。

1. 教师的观察力

在教育实践中，教师的观察力不仅是教师识别学生需求、调整教学策略的基础，也是深化学生思想情感理解、实施有效德育的关键。通过细致入微的观察，教师能够精准地把握学生的共性特征与个性差异，从而制订个性化的教学计划，实现因材施教。同时，教师的观察力还影响着学生观察能力的培养，其敏锐度、兴趣及习惯均能在潜移默化中塑造学生的观察技能，促进学生全面发展。

2. 教师的记忆力

良好的记忆力是教师高效履行职责不可或缺的能力之一。它支持教师在日常工作中迅速调用关于教育现象的记忆，灵活应对各种挑战；备课与授课时，教师需凭借强大的记忆力，精准再现知识内容，确保教学质量。具体而言，教师应具备敏捷性，以快速识记与回忆信息；教师应具备持久性，确保长期记忆的有效应用；准确性，避免因记忆偏差影响教学效果，进而保障知识的准确传递，促进学生健康成长。

3. 教师的思维能力

思维能力涵盖了理解、思辨与创造等多个维度。作为人类文化传承的桥梁，教师不仅需准确掌握并传授科学知识，更需深刻理解其内在逻辑，以科学方法引导学生探索未知。此外，教师还需具备创造性思维能力，能够在传承文化的同时，融入最新科研成果，赋予知识新的生命力，激发学生的创新思维与探索精神，推动人类文化持续进步与发展。

（二）教师的教学能力

教师是一个专业化的职业，教师的教学能力是其专业化的重要组成部分，它是教师在教育教学工作中形成的直接影响教学效果的特殊能力。它包括语言表达能力、组织处理教材能力、组织管理教学能力、运用教育智慧处理突发问题能力等。

1. 语言表达能力

教师的语言交流，无论是书面的还是口头的，都是实现有效教育的重要手段。书面语言主要体现在板书、作业及操行评语上，要求字迹清晰美观，既便于学生阅读，又能作为书写规范的示范。口头语言则更为关键，须发音标准、用词准确且富有表现力，确保信息传递的清晰与感染力；同时，注重语言的文明与教育性，以提升学生的精神面貌。艺术性表达，如语调变化、适当手势的运用，能增强课堂的吸引力与互动性。此外，口头语言应简洁明了，符合学生认知水平，促进知识的高效传递。

2. 组织处理教材能力

首先，教师应深入研究教材，将知识内化于心，形成个人的知识体系。其次，依据教学大纲与教科书，结合参考资料，针对学生的实际水平，明确教学目标，精准把握教学内容的重点与难点，灵活调整教学方案。最后，全面了解学生的知识基础、能力状况、学习态度及兴趣偏好，兼顾班级整体与学生个体差异，选取适宜的教学方法与手段，以简洁易懂的方式传授知识，不仅帮助学生掌握知识，更培养其思考能力与思维能力，促进其全面发展。

3. 组织管理教学能力

教师教学质量的高低，直接取决于教师的教学组织管理能力。组织管理教学能力是教师在课堂教学中，利用各种积极因素，控制或消除学生消极情绪行为的能力。这种能力包括以下几个方面。

（1）精心规划课堂教学计划能力。课堂教学计划是教师基于教学大纲与教学目标，深入剖析教材内容并充分考虑学生实际情况后精心设计的。该计划需明确界定教学内容、识别教学重难点、规划教学流程与策略，并探索如何激发学生兴趣、提升课堂活跃度。一个周密的课堂教学计划，是确保教学活动高效有序进行的关键基础。

（2）灵活选用教学方法能力。教学方法是连接教师与教学内容、学生的桥梁，其重要性不言而喻。教师应具备根据教学目标、内容特性及学生身心发展特点，灵活地选择与运用教学方法的能力。不同的教学方法或同一方法的不同应用水平，均能显著地影响教学效果。因此，教师应不断优化教学方法，以促进学生知识掌握与智力发展的双重提升。

（3）营造积极课堂氛围与激发学生主动性能力。课堂氛围是影响学生学习成效的关键因素之一。设计一节优质课程的标准包括明确的教学目标、准确的教学内容、恰当的教学方法、紧凑的教学过程及学生主体性的充分展现。其中，学生主体性的展现为核心，它赋予其他标准以实际意义。教师应根据课程性质、学生年龄特征等因素，灵活地调控课堂氛围，创造多样化的学习环境，以全面激发学生的学习兴趣与主动性，确保他们在学习活动中能够充分发挥主体作用。

4. 运用教育智慧处理突发问题能力

教育智慧是教育艺术的核心展现，是教师面对突发情境时迅速、精准判断并采取有效应对措施的能力，它不仅是教师个人素养与专业技能的高度体现，更是确保教学活动顺利进行、促进学生健康成长的关键。这一能力要求教师在处理学生冲突或偶发事件时，秉持对学生深切的尊重、关爱与责任感，始终遵循正面教育的原则，旨在促进学生的全面发展而非造成伤害。教师应敏锐捕捉学生展现出的任何积极信号，将其视为成长的契机，巧妙引导，将潜在的闪光点转化为推动学生进步的强大动力。同时，教育智慧的运用需灵活多变，依据具体情况，采用多样化的策略，确保对症下药，实现最佳教育效果。在这一过程中，教师的心态与方法直接决定了教育的成败，展现了教育智慧作为教育艺术精髓的深刻内涵。

（三）教师对学生的思想品德教育能力

教师的任务不仅仅是向学生传授知识技能，还肩负着培养学生优良思想品德的重任。教师仅具有教学能力是不够的，还要具有对学生进行思想品德教育的能力。若要对学生顺利开展思想品德教育，教师需要了解学生的心理特点，根据品德形成的心理活动规律，为他们创造良好的环境条件和进行正确的引导。教师在这方面的能力主要表现在：① 组织开展集体活动，培养学生集体意识能力；② 正确引导学生学习榜样能力；③ 利用学生进行自我教育能力；④ 对学生进行心理辅导能力。

（四）教师的组织管理能力

班级作为学校教学与管理的基本单元，要求教师不仅需精通教学艺术，还要具备卓越的班级组织与管理能力。这涵盖班集体的构建、教育活动的规划决策、组织执行与监督调控等多方面。有效实施班级管理，首要在于全面、持续且发展性地了解学生，既要洞察其优点与不足，又要兼顾校内外的表现变化，预见其成长潜力，通过多条途径持续跟踪，为科学管理奠定坚实基础。教师应致力于班集体的精心培育与管理，通过策划丰富多彩的集体活动，营造积极向上的班级氛围，引导形成正向的集体舆论，充分激发集体育人功能，让学生在和谐共进的集体环境中茁壮成长。

（五）教师专业成长

在信息化时代背景下，知识爆炸性增长，学习成为终身追求，教育功能愈发凸显，教师职业的专门化与专业化趋势不可逆转。教师的专业成长，即其教育理念、知识结构与专业技能的持续精进过程，已成为当代教育关注的焦点。这一过程伴随着教师从初入职场的新手逐步向成熟专家的蜕变，其间，涉及多种发展理论与路径的探讨。教师个人的内在动力与努力是成长的核心要素，通过深化理论学习以优化知识结构，汲取同行经验加速自我进化，积极参与行动研究以提升综合素养，并坚持教学反思以强化教学能力，教师能够不断突破自我，实现从新手到专家的华丽转身。这一过程不仅是职业能力的提升，更是教育情怀与使命感的深化，对于推动教育质量的整体提升具有不可估量的价值。

三、教师心理健康

（一）教师心理健康及其标准

教师心理健康是指教师内部心理状态的平衡及内部心理活动与外部世界的协调。教师职业的特殊性决定了教师心理健康标准有别于普通人。大多数人认为，教师心理健康的标准包括以下几个方面。

1. 良好的教育认知水平

一个心理健康的教师需具备从事教育工作所需的核心能力，包括敏锐的观察力以洞察学生需求，深入理解学生的能力，以及创造性地设计并实施教育教学活动的能力，从而确保教育过程的有效性和针对性。

2. 良好的自我意识

教师应具备基于自我实际状况设定合理工作目标与个人愿景的能力，拥有高度的教育效能感，坚信自己能够有效影响学生成长。同时，在教学实践中，保持自我监控，灵活调整教学策略，不断完善知识结构，确保教育行为的适宜性与有效性。

3. 良好的职业角色认同

心理健康的教师应深植对教师职业的热爱，视教育为使命而非仅仅是职业，积极拥抱并享受教师角色。他们深刻理解教师职业的社会价值，对教育事业充满热情，关爱每名学生，同时客观认识并善用自身优势，正视并努力克服自身不足，持续成长。

4. 稳定而积极的教育心境

教师应保持以愉快、乐观为主导的心境，情绪稳定，避免因个人情绪波动影响教学氛围。他们应具备高尚的职业操守，包括对教育事业的无限忠诚，对学生的深切关怀，以及对道德规范的崇高追求。同时，展现出强烈的正义感、责任感、荣誉感和同情心，为学生树立正面榜样。

5. 健全的教育意志

教师应展现出强大的心理韧性，勇于面对挑战与困难，具备自觉、果断、自制及坚持不懈等优秀意志品质。在面对教育难题时，能以不屈不挠的精神和坚韧不拔的毅力寻求解决方案，推动教育目标的实现。

6. 良好的教育人际关系

良好的教育人际关系表现为师生关系融洽，教师能理解并乐于帮助学生，冷落、不满、惩戒行为较少；乐于与人交往，能够正确处理各种教育人际关系，能为学生、家长、同事等所理解和接受，人际关系协调和谐。

7. 教育环境的适应与改造

教师能对教育环境作出客观的认识和评价，接受教育事业的新事物，适应发展、变革的教育环境，主动迎接各种困难与挑战。

8. 丰富的创造力

丰富的创造力要求教师能在教育教学过程中，熟练地运用各种各样的方法和手段，随机应变、机智地处理课堂突发事件和教学难题。

（二）教师心理健康的重要意义

1. 对教师自身的价值

（1）心理健康有助于身体健康。心理健康与生理健康之间存在着密不可分的联系。众多研究结果表明，心理因素在很大程度上影响着个体的生理健康状态，许多身体疾病的发生与发展均与不良的心理状态有关。因此，维护心理健康是保障身体健康不可或缺的一环，只有心理健康得到保障，才能真正实现身心的全面健康。

（2）有助于提高工作效率。心理健康的教师的智力、情感、意志及个性特征均展现出健康、积极的状态。这种良好的心理状态使得教师在面对工作挑战时，能够充分发挥个人智慧与才能，灵活应对复杂多变的工作环境，有效维持个人与环境的和谐平衡。这一过程不仅促进了教师的个人成长与学习，更显著提升了工作效率与质量，为教育事业的持续发展贡献了力量。

2. 对学生的影响

（1）有利于建立良好的师生关系，影响学生的心理健康。一个心理健康的教师能够营造平等、尊重、信任的师生关系氛围，使学生在这样的环境中体验到自由、尊严与理解，从而培养出积极向上的人生态度和丰富的情感体验，为学生心理健康发展奠定坚实的基础。

（2）影响学生的知识学习。一名心态平和、情绪稳定的教师能够为学生创造一个和谐温馨的学习氛围，减少学生的紧张与焦虑，使他们能够更加专注于学习，提高知识吸收的效率与质量。

（3）影响学生人格的形成和发展。一名心理健康的教师，能够通过自己的言传身教，为学生树立正面榜样，促进其形成健康的人格特质。反之，若教师心理不健康，情绪不稳定、行为失当，很可能导致学生出现情绪困扰、适应不良等问题，甚至可能引发心理障碍，对学生的人格发展造成长远的不利影响。因此，教师的心理健康状况对于学生健全人格的形成具有至关重要的意义。

（三）教师心理问题产生的原因

教师心理问题产生的原因是多方面的，主要包括环境因素、教师职业特点、教师的不良个性心理等方面。

1. 环境因素

（1）社会期望与教育改革带来的压力。随着我国教育改革的持续深化，对教师提出了更高要求，这直接导致职业适应性的挑战。教师需要不断投入时间与精力参与培训，更新知识结构，革新教学方法与管理手段，以适应教育发展的新趋势；同时，社会对教师角色的期望值日益增高，加之人事制度改革加剧了教育领域的竞争态势，使得教师处于更为激烈的竞争环境。此外，历史上对教师社会地位与经济待遇的相对忽视，使得教师的付出与回报不成正比，进一步地加深了教师的心理失衡感。

（2）学校管理策略与教师心理压力。学校作为教师的工作场所，其管理策略直接关乎教师的心理健康。部分学校管理者倾向于采用严格的规章制度进行管理，忽视了教师作为个体的情感需求与心理感受，这种缺乏人性化的管理方式容易挫伤教师的积极性与自尊心。更为甚者，一些学校将学生的学业成绩作为教师绩效考核的主要依据，公开排名并据此进行奖惩。这种做法不仅未能有效激励教师，反而极大地损害了教师的职业尊严，加重了其心理负担，不利于教师队伍的稳定与发展。

2. 教师职业特点

（1）教育任务的复杂性与综合性。教育工作围绕学生的成长展开，这一成长过程受遗传、环境、教育及个人主观能动性等多重因素影响，任何一方面的忽视都可能对学生的成长造成不利影响。教师作为教育工作的核心，其任务同样复杂而多维。不仅要传授知识技能，还需促进学生智力与能力的发展，特别是培养分析解决问题、实际操作及创新创业等综合能力，同时注重思想道德观念的塑造。这一过程犹如系统工程，需在有限时间内协调多因素互动，实现综合性的教育目标，这无疑对教师提出了极高的要求，增加了其心理压力。

（2）多重角色的扮演与人际关系的维护。教师职业的特性要求教师扮演多重角色，包括知识传授者、学生管理者、家长代理人、朋友及知心人等，还需作为人际交往的沟通者，与同行、家长、领导等多方保持有效互动。这种多重角色的扮演与复杂人际关系的维护，使教师在心理层面承受巨大压力，易导致心理负担过重。

（3）长期繁重的工作负担与不可选择性。教育工作的长期性与繁重性，加之人才成长的周期性，使得教师工作难以获得及时反馈，加剧了心理价值感的失衡。此外，教师往往无法自主选择工作内容和教育对象，尤其是班主任角色，除了承担备课、授课、作业批改等常规教学任务，还需管理众多性格迥异、心理不成熟的学生，这种高强度、高要求的工作环境极易引发身心疾病。

（4）工作环境的相对封闭性。教师群体通常自师范院校毕业后即进入学校工作，接触对象相对单一，多为同事与学生，这在一定程度上限制了其社交圈的扩展。加之教师工作的独立性及岗位、对象的相对固定，导致教师社会适应能力可能减弱，易陷入职业倦怠的困境。这种封闭性的工作环境不利于教师心理健康的维护与发展。

3. 教师的不良个性心理

教师自身的一些不良人格特征也是导致教师出现心理健康问题的原因。如教师对自我发展的高期望和现实的差距，教师对应急事件的应对能力欠缺，以及消极的归因倾向等都会引起教师不良的心理反应。

（1）过强的成就动机与心理压力。适度的成就动机能够激励教师追求卓越，提升工作效率与自我成长。然而，当成就动机过度时，教师可能因难以承受的高期望值而面临巨大压力，当遭遇挫折时，易陷入严重的挫败感与情绪低谷。这类教师往往难以接受外界批评与建议，缺乏合理应对挑战的思维方式，导致师生关系紧张、人际关系恶化、心理问题难以得到有效纾解。

（2）偏执人格与心理偏差。具有偏执人格特质的教师，其人生观与价值观往往趋于消极，对社会现象存在认知偏差，这是其心理问题的重要根源。他们常常自我评价过高，却对外界充满不信任，习惯于将失败归咎于外部因素，工作学习中夸大其词，同时伴随自卑情绪。此类教师要求严苛，难以客观分析形势，处理问题时易受个人情感左右，表现出显著的主观片面性。

（3）强迫人格与完美主义困境。强迫人格的教师追求极致的完美与精确，表现出强烈的自我控制与自制心理，有时近乎苛求。他们严格遵守规则与程序，甚至延伸至生活细节，要求一切井然有序。这种对完美的执着导致他们对批评极度敏感，决策时犹豫不决，行动后常感不安与自责。情绪表达上显得过分克制，缺乏幽默感，难以放松。在应对变化时，他们显得僵化与保守，错失良机后又自责不已。尽管外表冷静，内心却充满紧张、烦恼甚至怨恨，尤其是在生活与工作秩序被打乱时，这种心理状态尤为明显。

（四）教师心理健康自我调适

在优化外部社会与学校环境的同时，教师个人的自我调节与维护同样至关重要。教师的心理健康自我调适是一种内在力量的展现，它要求教师在面对挑战与困境时，能够主动运用自身的心理韧性，克服障碍，有效调控情绪与认知过程，疏通心结，积极解决心理困扰，并及时纠正不当行为。这一过程不仅旨在解决当前的心理问题，更着眼于提升教师的心理免疫力，增强其面对压力的承受力与自我修复能力，从而有效预防心理问题的恶化，确保教师能够以更加健康、稳定的心态投入到教育事业中。

1. 调整认知方式，积极应对压力

教师首先要确立恰当的自我认知框架，既要深刻认识自我，客观评估自身能力，又应理性设定目标，避免追求遥不可及的理想，从而维护自尊与自信。面对问题与挑战，教师应秉持辩证思维，将失败视为成长的磨砺，"失败"实为通往"成功"的必经之路。同时，对压力应持开放态度，视其为激发潜能、推动前行的动力源泉。在思考问题时，教师需培养全面视角，洞察事物的多面性，于困境中发现转机，保持乐观态度，坚信每一道难题背后都孕育着希望与机遇，以此激发持续进取的不竭动力。

2. 学会控制情绪

在日常教学中，教师应严格自律，避免将个人情绪转嫁于学生，严禁将学生视为情绪宣泄的对象。为有效管理情绪，教师可采取多样化的宣泄途径，如通过肌肉放松练习缓解紧张，利用旅游放松心情，或向亲朋好友倾诉以获取情感支持。同时，增强耐挫能力亦不可或缺，教师应善于运用自我安慰缓解焦虑，通过积极自我暗示激发潜能，以自我禁止克服冲动行为，并以自我激励保持前进动力，从而充分发挥主观能动性，积极面对挫折，有效化解困境。

3. 改变行为，调整处世方式

当不良情绪已经发生的时候，可以通过一些行为的改变来加以调控。在日常生活中，行为调控有以下措施。① 角色行为学习。通过深入学习并扮演好教师这一职业角色，教师能更好地理解教育情境，减少不确定性和不可预测性带来的焦虑，避免因情境压力而产生的情感焦虑和行为偏颇。② 加强知识学习，提升自身学识修养。"活到老，学到老"不仅是对教师的职业要求，也是个人成长的重要途径。通过不断学习新知识，增加知识储备，教师可以更加自信地应对教育教学中的各种挑战，这也是维护自身心理健康的有效策略。③ 加强人际沟通合作，提高社会支持力度。良好的人际关系和社会支持系统是应对压力和调节情绪的重要资源。教师应积极与同事、家人、朋友保持沟通，分享工作中的喜悦与挑战，从而获得情感上的支持和理解，提高心理健康水平。④加强体育锻炼，强壮身心。身体健康与心理健康是相辅相成的。通过定期进行体育锻炼，教师不仅可以增强体质，还能有效缓解工作压力，改善心理状态，实现身心的和谐统一。

4. 有效防止职业倦怠

教师在长期承受多重压力之下，身心疲劳与不良情绪的累积极易达到心理承受的临界点，进而诱发职业倦怠现象。为有效预防与缓解这一问题，需从内外两方面着手：一方面，社会各界应共同努力，减轻教师面临的外部压力；另一方面，教师也需掌握自我减压的技巧，如通过合理安排休息与休假、规划长途旅行以放松心情，运用积极心理暗示提升内在力量，以及学会灵活适应环境变化等策略来主动调适心理状态。对于职业倦怠症状严重者，及时寻求专业心理咨询或治疗支持，也是不可或缺的重要途径。

参考文献

［1］ 朱可可.积极教育心理学［M］.北京:西苑出版社,2023.

［2］ 姚春.教育心理学［M］.上海:上海交通大学出版社,2023.

［3］ 王姝锐,刘洁,谷洋帆.当代心理学发展与教育研究［M］.哈尔滨:哈尔滨出版社,2013.

［4］ 刘万伦,姚静静.发展与教育心理学［M］.3 版.北京:高等教育出版社,2022.

［5］ 王海云,柯永斌.高等教育心理学发展研究［M］.长春:吉林出版集团股份有限公司,2022.

［6］ 吴静.高等职业教育心理学与心理发展研究［M］.长春:吉林出版集团股份有限公司,2022.

［7］ 凌鹏国.教育心理学基础理论与教育发展新视角［M］.北京:中国商务出版社,2019.

［8］ 刘希平,唐卫海,张胜男.发展心理学［M］.北京:清华大学出版社,2022.

［9］ 陈泉,许念.心理学考研一本通:普心、社会、发展、教育篇［M］.2 版.北京:中国石化出版社,2022.

［10］ 白雅娟.教育心理学［M］.北京:北京师范大学出版社,2022.

［11］ 杨峰.教育心理学［M］.北京:清华大学出版社,2022.

［12］ 燕国材,岑国桢.教育心理学［M］.上海:华东师范大学出版社,2022.

［13］ 徐燕凌,汪庆华.教育心理学［M］.北京:电子工业出版社,2022.

［14］ 庞超波.教育心理学理论与发展探究［M］.北京:中国纺织出版社,2022.

［15］ 刘钰.融合视域下的教育与发展心理学［M］.北京:冶金工业出版社,2021.

［16］ 耿希峰.发展与教育心理学［M］.南昌:江西美术出版社,2021.

［17］ 包卫达,曹明.基于积极心理学原理的有效教育实证研究:课例选［M］.上海:同济大学出版社,2021.

［18］ 刘启珍,彭恋婷.学与教的心理学:原理与应用[M].2 版.武汉:华中科技大学出版社,2021.

［19］ 何犇,李艺,毛文林.教育心理学[M].成都:电子科技大学出版社,2020.

［20］ 李明德."教育心理学化"的诉求与探索:西方教育史的视角[M].福州:福建教育出版社,2020.

［21］ 曾怡.爱与教养:父母要知道的教育心理学[M].北京:中国纺织出版社,2020.

［22］ 侯淑萍,焦丽英.科学发展视域下的教育心理学研究[M].北京:中国书籍出版社,2020.

［23］ 吴杰,张帅.高等教育管理与心理学研究[M].北京:文化发展出版社,2020.

［24］ 罗德红.教育学与心理学关系的发展研究[M].北京:中央编译出版社,2020.

［25］ 时晓红.教育学心理学新论[M].济南:山东人民出版社,2019.

［26］ 熊应,罗璇,谢园梅.教育心理学[M].长沙:湖南师范大学出版社,2019.

［27］ 黄静,朱红.发展与教育心理学[M].贵阳:贵州人民出版社,2018.

［28］ 王极盛.理论心理学与心理学史研究[M].成都:四川科学技术出版社,2018.

［29］ 林崇德.发展心理学[M].3 版.北京:人民教育出版社,2018.

［30］ 徐建成.教师教育心理学[M].南京:江苏凤凰教育出版社,2018.

［31］ 李小融.教育心理学新编[M].2 版.成都:四川教育出版社,2018.

［32］ 王利利.心理学与心理调节[M].成都:天地出版社,2018.